优秀的人，从来不会输给情绪

剑圣喵大师 著

古吴轩出版社
中国·苏州

图书在版编目（CIP）数据

优秀的人，从来不会输给情绪 / 剑圣喵大师著．
—苏州：古吴轩出版社，2017.4（2018.9重印）
ISBN 978-7-5546-0897-5

Ⅰ.①优… Ⅱ.①剑… Ⅲ.①情商—青年读物
Ⅳ.①B842.6-49

中国版本图书馆CIP数据核字（2017）第052302号

责任编辑：蒋丽华
见习编辑：薛　芳
策　　划：文通天下·孙倩茹
装帧设计：门乃婷工作室

书　　名：优秀的人，从来不会输给情绪
著　　者：剑圣喵大师
出版发行：古吴轩出版社
地址：苏州市十梓街458号　　邮编：215006
Http：//www.guwuxuancbs.com　　E-mail：gwxcbs@126.com
电话：0512-65233679　　传真：0512-65220750
出 版 人：钱经纬
经　　销：新华书店
印　　刷：河北鑫兆源印刷有限公司
开　　本：880×1230　1/32
印　　张：9.75
版　　次：2017年4月第1版
印　　次：2018年9月第3次印刷
书　　号：ISBN 978-7-5546-0897-5
定　　价：36.80元

目录 Contents

CHAPTER / 02

高情商，不只是会说话

关心一个人说话的内容远远没有关心他说话时的状态重要。

CHAPTER / 03

你看起来很厉害，所以一事无成

“努力感”才是扼杀你成功的元凶。

CHAPTER / 04

不是优秀了才强大，而是强大了才优秀

忍让，换不来友善。

最好的友善，不是“求求你不要打我”，而是“你敢打我试试”。

CHAPTER / 05

真正的情商大师，不会轻易输给自己

谈恋爱时最吸引对方的一定是你的个性，

而个性中最吸引人的莫过于自信。

CHAPTER / 06

优秀的人，不会轻易输给情绪

真正优秀的人，从不在情绪上浪费时间。

推荐序

真正的教育，是老师牵你过河

李尚龙

这已经是我第N次听到学生向我反馈，说某某老师的课讲得太差了。

我在后台听了那位老师的课，觉得他讲得很好，甚至觉得他讲得很有深度。看得出来，那位老师在课前是下了功夫去准备的，而且很用心。可为什么还是有学生跑来反馈，说他的课讲得不好呢？

后来我又仔细地听了听，发现了一个问题——他讲课很无趣。

我曾经在参加新教师培训的时候，听一位前辈谈过这样的话题：如何在课上打造亮点。她说："学生的注意力一般只能维持在15分钟之内，所以，你应该每隔15分钟就在课堂上讲一个小笑话或者小故事，这样能让学生集中注意力。"

这句话让我很受益，后来我当新老师的时候也有过实践。我讲到哪儿学生会犯困，以后的课我就在那里加上一个小故事。这个故事看似幽默诙谐，其实和后面的课没有任何关联，但是它的作用却与学生听课质量息息相关。那些故事是我逐字逐句地无数次修改过的，至今还被保存在我的电脑里。

可是，有趣就能让所有人说你好吗？

有一次，我在讲课时发现一名学生开始犯困了，就赶紧讲故事，另一名学生跳出来说："讲重点。"

我当时就懵了，然后微笑地问这位同学："同学，麻烦你告诉我，什么是重点？"

同学也懵了，说："不知道，反正我觉得你讲的这个就不是重点。"

我说："你不知道就麻烦你好好听，别总搞得你跟老师似的，还要教我怎么讲课。"

后来这个学生就不来了，跟别人说我的课讲得很差。要不是我心理承受能力大，真的会哭好几天。可是，我，还有那位老师，我们讲课的水平真的是很差吗？

你理性分析的话，就会发现，其实别人说你的课讲得好还是不好，那经常是带着他的主观意见去评判的。到底怎么去量化好和差呢？其实很难。

后来，这个在课上跟我争执的同学成了我的好朋友。她告诉我，她从高中到大学，遇到过的老师从来不会让学生哄堂大笑。所以她总觉得让学生哄堂大笑的老师不正经，像说相声的。

我汗颜。

评价一个老师的课讲得好还是不好，其实在很大程度上说的是这位老师的授课方式适不适合自己。

适合就是好的，不适合就是差的。

所谓众口难调，人上一百，五颜六色。老师不了解学生，学生不懂得老师，老师就变成了知识的搬运工，自然无法把学生教好。真正的老师，是要做教育者的，而不是做知识的搬运工。

我见过的很多学生里，从第一节课就觉得老师讲得差的，都是因为他们没有空杯的心态；我也见过太多的老师从来不肯改变自己上课的方式，总觉得自己高人一等。

老师和学生到底是怎样的关系呢？

教育的过程应该是老师弯下腰牵着学生一起过河。在过河的过程中，老师和学生是要同甘共苦的，老师负责给学生指引方向，学生负责脚踏实地学习。

他们是一对利益共同体。

每逢高考或四六级考试的前夕，我的心情都不会太好，而且总是睡得很晚，起得很早。因为这段时间是那些备考的学生感到最焦虑的时候。虽然那些题目我都烂熟于心，可我还是要一遍一遍地再讲一次。而且我每次都是从最基础的知识讲起，我觉得这样做才是牵着学生过河。

这个过程虽然很难受，但我必须这么做。

所以，当老师是痛苦的，也是最伟大的。那条河他自己已经走过无数次了，但为了学生，他还是要继续过河，并且要带着学生找一条最好走的路。有学生看不清前方，只觉得这条路走得不舒服，就会痛斥领路人，说这是一条弯路。这是不对的。

我们应该用空杯的心态去面对新知识和新领域。

至少我每迈进一个新领域的时候，都会虚心地请教每一位老师和前辈。哪怕他们的授课方式不适合我，我也会硬着头皮去听，谁叫我自己什么也不知道呢。

很多人这样问过我："我以后能不能当个老师啊？你看老师工资也不错，还能有好多学生，这种感觉多好。"

如果你只知道当老师很荣光，认为老师能赚到很多钱，那就不要去当老师。

我想到我的好朋友剑圣喵大师，他是一个真正的教育者。

他跑到了云南怒江兰坪县石登乡去执教，那个地方很偏僻，人也很少，孩子们没有受教育的条件。很多年轻的教师一听说自己被分配到那里，就会想尽一切办法把自己调去县城。

没有师资力量，没有教学设施，连上网都很难，谁愿意去呢?

其实他们这样做也是可以理解的，老师也是人，也希望过更好的生活。

可是，他就去了。

喵大师告诉我："那边的人喝的都是矿泉水，吃的都是野味。"后来他笑了笑，说："算了，告诉你实话吧，从来吃不饱。"

我五年前曾到河南的一个小地方去执教，待了两周就跑回来了。因为我觉得自己体验过就好了，加上那里的条件实在太恶劣，那种苦真的让人难以消受。

可是喵大师不一样，他在石登乡待了一年。

那一年，他感受到了教育的艰难和贫穷的可怕。我问他为什么要待一年，他说："就是想看看真正的中国，想试试自己能不能把这些学生一点一点地带出来。"

就这样，他一点一点地教，一步一步地陪他们走。他回来的时候，已经有许多学生获得了奖状。

他的这句话让我很感动，因为这是真正的教育：老师首先跳入泥潭，然后拉着孩子的手，一步一步地陪着他们走出泥潭，等他们都上岸了，自己再重返泥潭，继续带下一波孩子。

这才是伟大的老师，这样的教育才是真正的教育。

我认识喵大师是机缘巧合，他在那种艰苦的环境里还读到了我写的书。他说那本书给了他很大的鼓舞，后来他自己也开始写书，想找我作序。

我看了他的文字，听了他的故事，很喜欢，于是同意了。

他的书，我到时候一定会买。

云南看云

张建雄

如果你既年轻又有理想、有才华、有不服输的精神，同时还有一颗清醒的头脑和一个精心策划的奔往成功的缜密计划，那你就有可能成为下一个剑圣喵大师。

像看一朵花绽放，在短短一年的时间里，我眼看着剑圣喵大师完成了从无名小卒到“网红”作家的转变。不得不感慨网络时代“造神”的速度，感慨喵大师的奋发与执着，也感慨在这个越来越令我看不懂的时代里奇迹的涌现。

写很多文章，出一本书，开设微课，成为“网红”作家，这些事会给他的生活和人生带来改变吗？答案应该是肯定的，否则喵大师不会如此努力，而且乐在其中。他的目的就是让自己通过这种改变来脱胎换骨，凭借这些把自己的境界提升几个层次、把同龄人甩下几条街、让人仰视吗？好像又不是。至少我每次见到喵大师，都会看到他那谦恭的笑容，感知到他的坚定与温和，我会忍不住地想："这是一个多么有礼貌的小伙子。我要是有个女儿，就让她嫁给他！"

可惜，我没有女儿，所以只能期盼剑圣喵大师能够遇到和他同样优秀的女孩，并在今后的人生中拥有他该有的幸福。

从字里行间，我能看到剑圣喵大师变成熟的过程——像一只蛹化身为蝶，变化的过程就是成熟的过程——褪去青涩变得圆润，抛去单调变得丰富，走出迷茫找到自己的观点和思想。最初我读他的文字会感到一丝艰涩，到后来读着感觉自然流畅起来……不过是短短一年的时间，我们还奢望一个人能够改变多少呢，喵大师成长的速度已经让我们感到惊叹了！

喵大师是自信的。我不知道他这种自信是来源于实力还是来源于性格。有自信而又有很强的分寸感，便构成了他笔下那个独特的"我"——那个叫周若愚的青年人。这个"我"轻松自如地点评着他的朋友沙大神和情圣，得心应手地指点着身边的红男绿女，潇洒随意地评说着人世的奋斗与牺牲，诊断着情商、人格、心理、爱情、事业、人际关系等种种病症，然后像老中医不容置疑地给人开处方一样，开出自己的药方。这不是活脱脱一个年轻老中医的形象吗？

我这个比喻让他吃了一惊。

回到他这本书。他说："你帮我想想书名好吗？"我顺口答应下来，却发现这实在是件吃力不讨好的事情。就像帮别人家的孩子取名，你怎么知道别人中意与否？叫《心战术之剑圣喵大师篇》，叫《忍or不忍——若愚说》，还是叫《贴心与冷读》好？我似乎也陷入了选择困难症。转念一想，书名固然重要，可内容才是更吸引人的东西，这本书应该说是有"料"的——至于这种"料"是普通的石料还是玉石毛料，甚或是已经成型的珍宝之作，内里藏着黄金般的东西，能照亮自己的眼、点亮自己的心，得读者亲自去品鉴，我不想做过多的引导。

这本书的体例是我想点赞的地方。原本珍珠般散着的一篇篇文章，以讲故事的方式被串在了一起，似散，也不散，读来还是饶有趣味的。不管是编辑的功劳还是喵大师自己的主意，这种小小的创新都是值得肯定的。

第一本书有时比初恋还难忘，我理解喵大师此刻的心情。那就祝愿本书出版以后，能够登上畅销书排行榜，让作者和出版机构都皆大欢喜！反正祝愿又不需要我开支票。何乐而不为呢？

CHAPTER / 01

会说话的人，一开口就赢了

所有的聊天其实都是在聊尊重，
不断接纳关系是一个人存在的根本。

真正的情商高手，很少主动表现自己

1

慕姑娘是我的学生，虽然不是美如天仙，但她把自己打扮得很精致。除此之外，她还有着不错的文笔，按道理她应该很受男孩欢迎才对。

可她却一直单身。

有一次慕姑娘在聚会上认识了一位不错的男孩，两个人相谈甚欢。慕姑娘不时地露出少女般动情的表情，男孩也不回避她的眼神，还主动帮她看手相。

聚会快结束时，男孩一直没有要慕姑娘的电话。慕姑娘急了，主动向男孩索要电话。

“还是我留你的电话吧，回去我加你微信！”男孩这么回答。

慕姑娘很兴奋，晚上一直抱着手机，坐立不安。她每隔几分钟就要看下手机，看看男孩有没有发来消息，有没有添加她为好友。

结果，正如大家所料，当晚男孩没有发来任何消息，接下来的几个月也没有联系过慕姑娘，慕姑娘的肺都快气炸了。

跟刚认识的异性互动，最困难的环节或许就是向对方要联系方式。如果别人不想给，或是解释自己没有带手机，反过来朝你要号码，那么这段关系就没希望了。

心理学中有一种“自动导航反应”（autopilot response）：即使他喜欢你，也还是有可能在你开口要号码时拒绝你。与之类似的情景是，你非常想找老板加薪，但是等你到了办公室门口时，却突然张不开口了。

我们的心理有很大的惯性，潜意识总是在你意识不到的情况下，用你以往的思维做出令你后悔莫及的决定。

男孩也许是真的喜欢慕姑娘，只是因为思维惯性而拒绝了她。这种事一旦对方拒绝，两个人之间的关系自然就没有然后了。

男孩一定遇到过无数次笨拙的搭讪，所以在他的潜意识中已经形成了一种惯性思维，接到异性搭讪的一瞬间，他会下意识地用一些借口来拒绝别人。慕姑娘还要向他索要电话号码，结果是意料之中的。

男孩心中的潜台词是，“你要电话号码，那无非是想和我建立联系，你配不上我，所以我拒绝你”。

那该怎么办？

根本不要问电话号码。

你在和对方聊天的过程中最好提到一个非常有趣的活动（音乐会、电影、派对等），然后再和对方说它有多棒、多有意思，最后再把话题转移到其他事情中。聚会结束时，邀请对方参加。

此时如果对方主动留下联系方式给你，你就记好；如果他还是没留，那也没关系，他会用其他方式去找你的。

想要与优质的异性建立关系，就必须把自己和那些普通的追求者区分开来，每个人都很忙，没时间去关注一个不优秀的你。在男神的数千粉丝中，多你一个不多，少你一个不少。

2

我刚开始在学校讲课时发现，有些学生你一眼看去就知道他是不是受欢迎的人。这个判断跟他的样貌、穿着、谈吐都无关，而是你能明显地感觉到他有一种孤独的气质。

孤独已经成了常态，大家都想摆脱，可怎么努力都无果。因为大家都忽略了一件事——我们都太看不起自己了。我们拼命想要迎合别人，却发现别人对我们不屑一顾。而那些我行我素、坚持做自己的人，却非常招人喜欢。

我有个朋友学习人际交往好多年了，他是个体贴、善良、很会与人沟通的人。他每到周末都会出去见不同的人，可他到现在还没有谈过恋爱，在单位里一直被同事孤立，被领导漠视。

有一天，他特意飞来昆明请求我对他进行一对一的心理辅导。我们见面后他第一句话就问我：

“我是那么努力地让自己变优秀，可我变优秀以后，他们为什么还是不拿我当回事？”

“如果你真的变成了一个优秀的人，那你还用表现自己吗？”我问他。

我教了他一个“补偿称赞技巧”。

比如A小姐身材非常好，家境又殷实。别人都在称赞A小姐漂亮的时候，我们却要这么称赞她：“你真是个平易近人的好姑娘。”

要给对方强烈的印象，就非得让对方觉得：“这个人的着眼点和其他人很不同。”

往往家境好又漂亮的女生，总是给人一种高冷的感觉，尤其是已经习惯拒绝别人邀约的女神。她其实也会嫌自己太高傲，在心里偷偷地批评自己。你要做的就是消除她对自己的批评，让她对自己更满意一点。

人际交往很失败的人，更喜欢让别人多认可自己一点；人际交往成功的人，平时总是喜欢认可别人。

所以，想提高自己的人际交往能力，你并不需要别人的认可，你需要不断地观察别人的需求并称赞他，结果会让你很惊讶。

3

有一道经典的面试题：

“说说你如何能够胜任我们这个岗位？”

很多人立马就开始列举自己的优势，恨不得把上小学时得过三好学生这件事都翻出来。这样的人虽然看起来很优秀，可实际上被录取的概率却很低。成熟的HRD（人力资源主管）瞬间就能判断出他缺乏自信和安全感，并且期待别人的回应。在今后的工作中他会很黏人，会在寻求认同的过程中让领导耗尽精力。

那怎样正确地回答这个问题呢？要先从企业本身谈起，然后把自身的优势与企业的需求联系起来一起讲。

下面举一个例子，是一位求职者在应聘民办中学教师岗位时给HR（人力资源）的答案：

“贵校近些年以来一直发展得很快，录取的学生也在不断增多。而且外地商人家庭的孩子也将成为贵校的主要受教人群。我在大学时一直研究商人家庭孩子的心理特点，为此我还制订过详细的教学计划和团体心理辅导方案。在XX学校实习时，我的方案得到了师生的一致认可。如果我能来到贵校工作的话，相信我的方案会对学校的发展有很大帮助。”

回答问题时，不要说太多的话。一个人越是努力表现自己，就越容易让人反感。**真正有自信的人只需要突出重点来讲**，答得太多往往很难给人留下深刻的印象。

凡是刻意要表现自己的人都会使周围人扫兴，刻意表现减弱了他本来所具有的魅力。特别想表现自己成熟一面的人一般都很天真，总是标榜自己愚钝的人才是真正的成熟。

我们最大的软弱就是太渴望表现自己，总是忽视别人的需求。真正的情商高手总是不断地认可别人，而自己却在这个世界上“不要脸地”活着。

所有的聊天都是在聊尊重

1

网上有很多文章在说，你需要杜绝无效社交，其实我并不赞同，因为没有任何社交是完全无效的。**如果你想把你说的每一句话、每一个字都转化成现实中看得到的利益，那你一定是个可悲的人。其实有些毫无目的的聊天更重要，它更能让我们感觉自己还活着。**

没有人能承受永远的沉默，再强大的人也需要通过沟通来获得认可。

沟通这件事，每个人都有自己的方式。有的人就喜欢骂街，因为骂街可以让他获得一点存在感。不过这种临时的快感很快就会消失。有的人喜欢真诚地与人交朋友，真诚可以让人和人建立起长久的情谊。

2

曾经有一位愤怒的家长把一位愤怒的学生带到我面前。

这个学生的名字叫辉。他性格极为孤僻，很喜欢骂人，三句话之内肯定开骂，对家长和老师也不例外。

我几乎无法和他交流，只好带他去网吧，让他做自己最爱做的事——打《英雄联盟》。虽然我陪他一起玩，可我和他根本说不上话。在整个游戏过程中，他一直在骂队友是垃圾，骂敌人是傻子。

我告诉他不要骂人，其实他的玩法真的是错的，也许该听听别人的意见。

他听完以后一直用一种很不屑的眼神看着我。

我认为我的聊天技术已经很好了，可是无论我用什么话题都没法和辉展开谈话。虽然他不骂我，可我却无法帮助他，我只能把他转给了一位我非常欣赏的陈老师。

几个月后，我又打开了《英雄联盟》，收到了一封邀请信，邀请我的人正是辉。

辉不仅结识了很多一起玩游戏的好友，还建立了自己的战队。在游戏里，他指挥有方，态度谦和。在语音频道里，我完全听不出这是我以前认识的辉。

我当晚打了个电话给陈老师，问她到底使用了什么方法治好了辉。

“周老师，你也许不明白，**关系的好坏最关键的并不是看两个人是否幽默、风趣或者是否都非常有魅力，而是看一个人是否相信自己在另外一个人心中受到了重视。**”

陈老师把咨询方法告诉了我：辉同学所有的无理取闹，她都帮他找出合理的部分，然后再支持他的决定，哪怕这个决定看起来很荒谬。她带着辉一起做了很多事，在做事的过程中，她不断地问辉“你的意见呢”，然后会按照辉的意见去做事，即便最后会闹出笑话。

这时，我才真正领会到在心理咨询中尊重有多重要。尊重并不单单是对来访者表示礼貌性的客气，不打断他说话，还要尊重他的一切感受，无论合理还是不合理。

为什么你费尽心思地和别人聊天，最后却还是一无所获，归根结底是因为你太重视表达内容，而忽略了情感支持！

“其实辉不断地骂人也是为了让你们认可他啊！”陈老师的这句话让我豁然开朗。

所以，所有的聊天其实都是在聊尊重，不断接纳关系是一个人存在的根本。

我如此厉害，可我的成功与失败都无人可诉说，那我该多么寂寞啊！

3

晓姑娘发现男神最近对她不冷不热的，闺密说这种男人不可靠，劝她赶紧和他断了。

后来晓姑娘一时冲动就对男神说："你能不能不要对我这么冷淡？"

男神从此没再说话，晓姑娘抱着手机等了一天，哭了一夜。

晓姑娘的要求并不过分，只是她的沟通方式有些不妥。**因为聊天提升感情这件事，其实是一个呈螺旋式上升的过程。**尤其是对方对你并不是特别感兴趣的时候，你想迅速把关系拉近，就像让飞机迅速落地一样，不但不会达到你预期的效果，反而会让你们的关系变得更糟。

对于男神而言，如果他做出了肯定的回答，或者给出了其他回复，那就代表他接受了你对他的评判——他是个冷漠的人。

显然他不想接受这个评判，所以就拒绝回复你，自然也就拒绝了整段关系的发展。

很多人聊天失败，就是因为他们总是不断地给对方下“审判书”。这个毛病不好，要改！

回到刚才的话题，如果晓姑娘想让男神回复她，应该怎么说呢?

“我等你信息的时候，止不住地乱想。我以为你不再理我了，我还经常自责，是不是我说错什么话了！”

这样，男神回复她的概率就会高很多。

我们会把天聊死的一个重要原因就是，我们希望自己能支配别人。

也许我们意识不到这点或者并没有这样的意思，但这样做很容易让别人在心里对我们说：“你算老几。”不要怪别人，其实你也是一样的。**好的聊天方式就是去除这种带支配意味的语气，而强调对方在你心中的重要性。**

下面这两个例子可以让大家清楚地看到两种对话方式的区别：

“我觉得你这次考试还是不要作弊的好！”

“如果你考试作弊被人发现，会受到很重的惩罚。我觉得这件事对你来说很不利，我为你感到很担心。”

“死胖子，赶快过来，你再迟到我可要生气了啊！”

“我等你一段时间了，你迟迟不到，我以为你出事了！”

很多人会把天聊死的另外一个原因是，他们把聊天搞成了自卑的迎合。

有人为了迎合自己喜欢的人，特意去打听对方平时爱看什么电视剧。于是他们开始耐着性子连夜追剧，结果发现人家只是随便看看，并没有多大兴趣。

有的男生把自己的发型理得和心仪女生的偶像的一样，还模仿明星的样子给女生跳舞，最后只换来了女生的白眼。

其实这样的做法是低效，甚至错误的。**因为尊重一个人最好的方法并不是了解他的喜好，而是懂得他的烦恼，毕竟活在这个世上我们苦多乐少，我们需要一个知己的愿望远大于需要一个玩伴。**

聊个天不需要你知识渊博，不需要你魅力无限，更不需要你成熟稳重，我们都太爱自己了，所以老是喜欢围绕自己说个不停。其实我们只要稍微把目光多分给对方一点，就不至于把天聊死。

我们在聊天时缺乏对别人的关注，喜欢过多地强调自身的感受，这就是我们把天聊死的主要原因。

你可以看看下面这段对话，试试猜中烦恼法。

“我感觉你现在正为情所困！”

“为什么？”

“一个专业咨询师的直觉吧。”（啥直觉啊！瞎猜的，直觉这种东西很耗能量的。猜错也没关系，一会儿她会告诉我真正让她烦恼的是什么，说完还会觉得我很了解她。）

“没有，你是说男朋友吗？我目前单身，哪有感情问题。”（对方否定了我。）

“感情不完全来自爱情，也许是来自家人或者同事！”（扩大话题，寻找共鸣。）

“我最近很烦我妈，我写了一些文章，但她却说我是不务正业，总是催着我工作或者考研！”（对方说出了烦恼，此时要进一步跟进。）

这时你该怎么接下去？

很多人会这样接：“哎呀，别在意你妈说的话了！”

是啊，她这时就是不在意了啊。既然她不在意了，也就没有什么烦恼了，那她还有必要和你聊下去吗？

大部分人把天聊死，往往都是在这一步。有些人会站在她的角度批评她妈，说考研什么的没有意义；有些人根本不关心别人，就此开始讲他与自家妈的关系，其实对方根本不感兴趣。这时候你最该做的事不是急着输出自己的价值观，而是支持她，尊重她，分担她的感受。

“考研和工作主要体现的是一个人的社会价值，还有一种价值更重要，那就是自我价值，这个价值往往需要写一些东西才能找到！”（共情法。）

“是啊，我写作时发现……”（引出对话。）

“你说得非常有道理，那关于XX问题，你在写作时是如何处理的？”（紧密承接上一句展开更多话题。）

聊天记录就是最感人的小说，天天聊天的人就算不是情侣，也会彼此有所依赖吧。聊天的时候，你要尽量让对方多讲话。在她说话的过程中，你要仔细地倾听，过后你只要能稍微提到她说过的内容，就可以让她感觉你很懂她，毕竟我们都太需要有人理解了，太需要有人知道我们在想什么了。

现在你知道“呵呵”有多么伤人了吧，“呵呵”之所以伤人不是因为字数少，而是它让人感受到一种轻蔑。

可以和你聊天的人很多，但能和你谈心的人到底有多少呢？走出自恋，融入关系中吧。

伟大的爱情都是从聊天开始的

所有伟大的爱情都是从聊天开始的，不过“见光死”的爱情往往也是聊天导致的。想要找到一个心仪的恋人，学会聊天是至关重要的一步。

暖树姑娘经朋友介绍，认识了一位年轻的男士，从照片上看人长得很帅，而且三十岁出头就已经是处级领导了，前途无量啊。

可惜两个人的关系还没有正式开始就结束了。谈话还不到十分钟，她就遭到了对方查户口式的逼问。男士连珠炮似的问她：“你有什么兴趣爱好？”“周末都做些什么？”“喜欢哪种音乐？”“喜欢运动吗？”“父母都是干什么的？”

两个人还没怎么深聊，暖树姑娘就找借口离开了。离开以后她第一时间就删掉了这位男士的联系方式。

“我这是在面试还是在相亲？”暖树姑娘生气地埋怨介绍人。

其实有暖树姑娘这样遭遇的人不少。相亲节目上不少嘉宾就是因为这一点才愤然离场的。男嘉宾一上台就被低情商的女士问车、问房、问收入；女嘉宾上来就被查户口。

在相亲或联谊的活动里，想和喜欢的人有进一步交往，大体上我们都会拼命地从寻找共同话题开始。因为两个人有共同的兴趣和朋友就不愁找不到更多的话题。连珠炮似的提问也可以让你从对方身上找到一些共同点。但是，你不觉得这种方式稍欠优雅吗？

大多数夭折的感情，都是输给了幼稚的聊天。不过现在的青年人不会和异性聊天也是情有可原的，毕竟他们自从上了中学，就一直被告知，早恋是可耻的。因此，大部分单身青年从小就缺少与异性交流的经验。

所以，开启幸福人生的第一步，就是从学会聊天开始啊！

巧妙质问法

所谓知己知彼，百战不殆。恋爱必须先从了解对方开始，而了解对方最好的方法莫过于巧妙质问法。看似若无其事的谈话，实际是在套取对方的讯息。

比方说，你想知道对方住在哪儿，如果你直接问对方：“你住在哪里？”对方肯定会对你提高警惕，猜想：“他干吗问这个？好像变态的跟踪者一样。”

假如你换一种方式问：“你家是不是在昆明的郊区？你好像经常去坐开往郊区的车。”

无论你说得对还是错，接下来她都会和你说她大概住在哪儿。

还有一种沟通法更巧妙，大家可以试试。

“你好像很喜欢听许巍的音乐？”

“哇！好厉害！你怎么知道的？”

“看得出你是一个很有灵气的姑娘，面对着生活中的苟且，你心中依然有着诗和远方。”（冷读术。）

上面的开场白同时运用了巧妙质问法和冷读术。第一时间就能让你和对方一拍即合，从而赢得对方的信任。

其实我根本不知道她喜欢什么音乐，也不知道她是怎样的人。但是经过这样的谈话之后，我就对她有了初步的了解。

假如你的猜测有误呢？你还可以用另外一种方式回答。

“你好像很喜欢许巍的音乐？”

“没有，我从来没听过他的音乐。”

“像你这样性格爽朗的姑娘应该都会懂点摇滚吧？”

“我只听过崔健和张楚的！”

“其实他们之间有着一种共同的东西，那就是都抒发了一种身在生活的苟且，心却向往着诗和远方的情怀。”

上面的对话用到了巧妙质问法的扩大技巧。当你没猜对时，就把这个点的外延扩大，然后再丢给对方。如果对方对摇滚都不敢兴趣，你再问他喜欢哪个华语男歌手，这样就顺理成章了。当然也可以使用缩小法来锁定兴趣，这里不再赘述。

有人曾问我，如果想要对方的联系方式，怎么使用巧妙质问法？

“上次见面时，你跟我说过你的微信号吧？但我一下子忘记了，真不好意思！”

“没关系，上次我好像也没留微信给你吧？”

“那现在留一个吧。”

故意弄错，可降低对方的警戒心，让她觉得告诉你联系方式是很自然的。

一个情商高的人，是说话、做事都让人觉得舒服的人。真正会说话的人不是用嘴，而是用眼和耳朵。那些低情商的人往往是张开了嘴，却闭上了眼睛。

共谋术

在很多韩国爱情电影里，男女主角在确立关系之前总要经历一段惊险。比如主角之一被卷入危险事件，被黑社会追，吃饭没带钱被老板追，甚至是拯救了地球被外星人追，等等。

这就是共谋术。

所谓共谋术就是让对方和你共赴一场惊险，制造一种错觉，让对方觉得自己和你有着非一般的紧密联系。

实际生活中我们哪会遇到那么多让我们感到刺激的事？更少有人愿意为爱情奋不顾身。所以我们需要先从了解对方的人生烦恼开始，表明自己也遇到了类似的烦恼，愿意和她一同分担。

其实，人生所有的烦恼和痛苦都出不了以下4个范畴：

1.人际关系

2.金钱

3.梦想

4.健康

“听说人越成熟朋友就越少，因为你越是理解别人，别人就越难理解你，你有这个感觉吗？”（人际关系。）

“是啊，感觉好多朋友都不再联系我了！”

“上次有一位心理学专家教了我一个方法，他要我每周邀约我的老朋友和新朋友来一次聚会，并让他们互相认识。我有点害怕，要不你当我的新朋友吧，我介绍我的老朋友给你，你也介绍你的老朋友给我，我们聚一聚！”（共谋术。）

共谋的目的在于和对方达成一种情感连接，有了这个情感连接，你就可以随时和她分享经历这件事时的感受。

有一段时间，网络上流行“冰桶挑战”和“A4腰挑战”，一下子拉近了网民之间的距离，其中的原理就是共谋术。两个人之间有了共谋任务，往后的交谈才会有更多的话题。

下面我提供几个常用的共谋任务，大家可以反复尝试，初学时可以把目标定得低一点。

人际关系：搭讪陌生人，在网络平台发文并与读者互动，给情感电台打电话。

金钱：周末兼职卖汽水，进行一次小的基金投资，开一人一元的微课。

梦想：读书，考证，上兴趣班。

健康：跑步，锻炼，做饭。

当然，共谋的真正目的并不在于立即解决当下的问题，而是要在这个过程中展现你的毅力和能力。当她坚持不下去的时候你要鼓励她；她做得好的时候你要表扬她；她遇到困难的时候你要帮助她。从此你便和她有了非常多的谈资，你们的关系便有了很多情感支持。

有读者说，恋爱中能不能少点套路，只要你怀着一颗真心，早晚会遇到你要等的人。这种说法不无道理，可这好比让一个连剑都拿不稳的武林新手去参悟武学中无招胜有招的化境。事实上，大部分单身男女都有一颗真诚的心，而仅仅是败在了缺乏聊天技巧上。

我希望大家能勇敢地去恋爱，扫除你心中的自卑与茫然。终有一天你可以不再需要这些技巧，自信地站在恋人面前。

如果你好好说话，我也许会立刻爱上你

F博士求婚失败了，在电话里哭得像个小孩，这已经不是他第一次为爱流泪了。不过这次情况不太一样，他的求婚对象是一名大学老师，已经28岁了。

两个人是经人介绍相识的，见面以后一拍即合，经常在朋友圈里秀恩爱，如胶似漆，宛如一对新人。

F博士的求婚方式很特别。某天晚上他和他班里的50多个学生在姑娘实验室门口等着，姑娘一下楼，F博士的学生立即打开闪光横幅，齐声高叫："XX嫁给F吧。"这时F博士从人群中走出，手里举着他准备已久的钻石戒指。

钻石很特别，几乎没有杂质。据说这是他和另外一位教授在实验室连夜合成的，耗了很多心血。

遇到这样的场面，换成一般的女生一定会大受感动吧！然而天

公不作美，姑娘下楼时身边还有一大堆领导，也包括姑娘的部门主任。F博士的求婚立即吸引了大家的眼球。

他当众拿出戒指，面对姑娘单膝跪地，激动地对她说：“嫁给我吧！”

“再给我点时间，让我考虑考虑。”

毕竟是在这样一个场合，姑娘的领导还有其他那么多双眼睛都在看着，姑娘有点下不来台。

之后F君又说出了让他抱憾终身的蠢话：

“你都已经28岁了，还考虑啥？再考虑你就成老姑娘嫁不出去了！”

全场人哄堂大笑。姑娘被气急了，长长的睫毛颤动着，瞬间夺过F君手里的钻石，朝着远方使劲丢了出去。F博士傻眼了，当场坐在地上不知所措。学生见状不妙，赶忙把他架走了。

F博士的故事足足让我笑了一个星期。

按照当时的情况来分析，姑娘说她需要考虑，说明她对他还是有好感的，只不过要让她下定决心嫁给他，他还得继续努力，下一番功夫才行。

回想姑娘在说那句话时的情景：

“再给我点时间，让我考虑考虑。”

“作为一名高校教师，你的事业的确很重要。但作为一个很有魅力的女性，你更应该追求你的幸福。”（冷读术之身份分裂法。）

“世上没有任何一种鸟儿可以一直飞翔而不落地，为了支持你再度冲向天空，我愿意做你脚下那根温暖的树枝！”（冷读术之比喻法。）

“请原谅我今天的冲动，但总有一种东西催促着我向你求婚，你知道的，我平时不是这样的！”（冷读术之Me法。）

当时F君哪怕随意使用上面三个句子中的一句，再加上一些真诚而又温情的话语，那次求婚他都有可能成功。下面我具体地解释一下，怎样使用冷读术来改变别人的决定，甚至让一个人爱上你。

身份分裂法

在这个多元化的社会里，我们有着多重身份。我们有着自己的职业，但同时又必须扮演好父母、子女、妻子或丈夫的角色。有时，多重身份之间的关系很难平衡，我们常常被一种身份牢牢困住，而牺牲了另外一种身份该拥有的人生体验。

很多姑娘像斯巴达斗士般奋斗在单位，偶尔也会想起自己遗失很久的少女心。很多上班族起早贪黑，有时候连回家过年的时间都没有，其实他们也想念自己的父母。

这便是多元化时代带给人们的痛苦，这种痛苦隐藏在每一个人的心中。人对懂得自己的人会产生好感，尤其是当他对目前的恋情、生活方式产生疑惑时。你只需要有同理心，就足以攻陷对方的心。

身份分裂法的核心就是，想象当他处于其他身份时应该会想什么，然后用那个身份帮助你改变他现有身份持有的观点。

比如上文中的姑娘是一名大学老师，这样的职业身份让她比较矜持，尤其是有领导在场的情况下。所以F博士需要唤醒她作为"魅力女性"时的身份来面对他的求婚。

一位正处级干部由于常年忙着应酬，很少和家人团聚，导致父子关系变得很僵硬，他感到很苦恼。我对他说：

"你是一位认真尽责的好干部，但你首先是一个父亲、一个丈夫、一个儿子。"

当你从他的不同身份提出意见时，他自然就容易从不同的角度去思考。如此，他便很有可能一改过去只用一种身份面对所有人的习惯，改变他对父亲固有的态度，用另一种身份去灵活地面对家人。

只要你多花心思，生活的各个层面都可以用到这种沟通技巧。

比喻法

首先，使用这招你必须有深厚的文学功底和丰富的人生经验。心理学研究表明，每个民族都有一种文化传统扎根在人们内心深处。比如中国人的敦厚，法国人的浪漫，德国人的严谨等。

比喻法的作用就是把一个人最深的文化内涵用比喻的方式诱导出来，帮助你改变他现在的观点。它并不是我们在语文课本中学的简单的修辞手法，也不是为了让语言更美，而是为了让语言更深入人心。

前文中，我把姑娘比喻为鸟，把F比喻为树枝，用一种文艺的方式告诉姑娘，她奋斗的人生需要一个栖息地。

我有两个朋友，他们都是写作者，文笔都很成熟，思想也都非常有内涵。可惜他们在各大平台上发表的文章，阅读量总也上不去。看着他们那么努力，我有时很着急。

其实主要原因是，他们的内容太接近传统文学了，普通读者很难理解。

当我大胆地告诉他们这一事实时，其中一位这样跟我说："阅读量无所谓，我懂怎样使用标题技巧来提升阅读量，可我更愿意花费时间去打磨文章，提升文字质量。这是我的一个执念。"

她的想法令我感到敬佩，但是我更愿意把知识科普化。如果一个作者的文章总是无人问津、无人回馈，那这个作者会倍感受挫，很容易走向恶性循环。不过由于她使用了"执念"一词，你再继续唠叨就容易引起她的反感了。

当然，在这种时候，很多人喜欢"苦口婆心"。这绝对是最没有结果、最伤害彼此的做法。还有些人喜欢"晓之以理，动之以情"，也不是一种特别好的方法。因为效率太低，不容易产生情感连接。

这个时候建议使用比喻法应对当下的情形会比较有利。

"你的作品应该像一份好的菜肴，它不但要营养丰富，还要让人喜欢。要想成为上品佳肴，光是营养丰富是不够的，还要考虑口感！"

在我对她说出这番话之后，她把文章标题改掉了，内文也一改原本的高雅和正统，换成了吸引人阅读的通俗的风格。

抱怨别人“听不进劝”，总说自己“忠言逆耳”，其实是你劝人的方法不够艺术。你稍微动点脑筋，掌握一些说话技巧，就能经营好自己的友谊，还能帮助别人。

Me 法

Me/We法是两种性格分类。

Me型的人，是凡事都以“我（自己）”为基准来思考、感觉和行动的。平常不爱说话，一旦进行一对一谈话时就变得格外轻松多话，较能表现自己。在人际关系上，也追求自我，希望自己受到尊重。有时候容易以自我为中心，讨厌被人指示去做任何事。不做自己无法理解的事，做任何事只要自己能够理解，就不需要别人的鼓励或建议。

这样的人需要彰显他的特殊性，你先要满足他的这种心理需求，才能让他对你产生关注。

下面再以F博士求婚的事情为例，说一说Me法怎么应用。

“请原谅我今天的冲动，但总有一种东西催促着我向你求婚，你知道我平时不是这样的！”

这句话让她觉得F博士向她求婚是因为她的个性强烈地吸引着

他，而不是因为F博士提到的“28岁的她成了老姑娘”这样一个世俗的理由促使她不得不考虑结婚。姑娘心中一定是这么想：那是别人，不是我。不管到了多少岁，我都可以活出一个独特的自我。

你现在理解F博士的话为什么会引起姑娘的强烈反感了吧？

大家读完会发现，上面的语言技巧曾经在你的父母、老师、上司的口中多次出现过，甚至连你自己也多次使用过，只是你对这些缺乏系统的认识。只要你愿意下决心深入地学习，不断地改变，你也可以成为别人口中的高情商人士。

语言是一门艺术，很讲究技巧。但言之心声，会不会说话，是一个人有没有智慧的外在表现，内在逻辑起关键作用。

有人的地方就有江湖，再强的武功也敌不过人心。所谓高手，都是研究人而不是研究事的。

真正的情商高手，不会轻易说冷话

华哥前几天去一家洗浴中心做保健了，但不知道他是喝多了还是泡晕了，迷迷糊糊之中就多接受了很多项服务，结账时账单上显示他消费了五千元。

华哥一个月的工资也就三千多，他拿不出钱来，洗浴中心的经理不让他走，万般无奈之下他给家里打了电话。

华叔来了，直接将带来的三万块钱砸在洗浴中心的吧台上，然后愤怒地说："让这兔崽子一直玩，把这些钱都玩光了再回去！"

可华叔的怒火没有持续多久就变成了担忧，因为华哥第二天就失踪了，带走了剩下的两万五。华叔打了无数通电话给他，他都是关机，一连五天杳无音讯。

华叔找到我，希望我帮他劝回儿子。我拿出手机打了华哥的电话，他仍然是关机。我问华叔："还有别的方法可以找到他吗？"他说："没有！"

我也没有办法了。这时陪华叔一起来的华姨当场就哭了，立即就指责华叔，怪他把孩子气走。华叔看上去也非常难受，反复叨念着：“只要孩子回来，一切都好，一切都好！”

我们在沟通上最大的软肋就是不会恰当地表达自己的情绪，言语过于“无情”。无论是在家庭里还是社会上，我们每个人都在被这种“无情”伤害着。真正伤害我们的并不是语言本身，而是语言背后传达的情绪。

华叔显然是非常在乎儿子的，不然他那天就不会去洗浴中心交钱了。面对儿子的挥霍无度，他很生气，因此才做了过激的事情。可当儿子失踪时，他才发现，比起恼怒，他内心深处更在意的是“亲情”。

后来华叔和华姨来找我倾诉，整个咨询过程是被录音的，华叔和华姨的心声自然也被录进去了。我征求他们的意见，找一个华哥信任的朋友把这个录音通过微信发给他，也许会有点用。我觉得，**如果是一种情感伤害了别人，解释再多都是无用的，必须要用另外一种情感去修复这种关系。**

华叔刚开始有点犹豫，后来想想也没有什么别的办法了，只好按照我说的去做。

几天后，华哥回来了，第一句话就问："你们那段录音不是演的吧？"

人际交往的过程其实就是一个情绪表达的过程，单一的情绪表达会让情感交流过于僵化，必然会导致彼此走上相互伤害的道路。**你必须让自己和他人都清醒地意识到，你遇到某些事情时产生的情绪，其实是你针对事情的一个片面的情绪，并不是针对你们之间的整段关系的。**

为了不让家人成为最熟悉的陌生人，我们需要把冷话"加热"了再说。

情绪表达是有些人在沟通中最大的软肋，如果你问一个人："你这几天过得怎么样啊？"他通常会说，一般般，没啥特别的，等等。

可如果有人肯跟我说："太糟糕了，我一天都在被这些破事纠缠着，烦死人了！"我一定瞬间对他好感倍增，即便他表达的是负面情绪。

恋爱中的情侣总是喜欢问对方："你在干什么？"情商低的男生喜欢回答："没干什么啊！"

这个回答显然会让话题立刻终结。

这句话坏就坏在，男生根本没有理解女生在问这句话时的心情。

女生问你“你在干什么”时并不是真的想知道你现在在干什么，而是想表达一种“我想你了”的情感，你应该用情感去回应。

生活中没有多少轰轰烈烈的大事需要我们去做，真正体现能力的地方是你如何正确地表达自己的情绪，又能避免自己说冷话伤害到最亲密的人。

“我刚吃了一个过期的香蕉，胃好疼啊，肚子像有一团火在燃烧，我感觉自己快要‘上天’了！”即便对方已经痛苦万分了，你一听他这种诙谐的语气，也会觉得他没大事。其实也许是对方不想让你为他感到着急才故意这样说的。

假如你感冒了，不小心在家里睡过点了，没有去赴女友的约会，让她很生气。

她可能会说：“放鸽子连电话都不打的人都是垃圾。”

此时你最好不要解释，越解释她就越觉得你是在掩饰。你可以这么哄她：

“亲爱的，我不是垃圾，我是垃圾堆的一只‘喵星人’，有时候找不到吃的我就饿晕了，谢谢你天天来喂我，我好开心。但你这几天不理我，‘喵星人’都快被隔壁的‘汪星人’给吃掉了。”

女生太敏感了，不同女生的情绪开关是不一样的，这段话不能适用于所有女生，有时候你可能要根据不同女生来使用不同的交流方式。但可以肯定的是，“摆事实，讲道理”是绝对令她们讨厌的，因为讲道理本身就透露着一种信息：你很笨，你是错误的，你必须听我的！

最好是在抚平对方的情绪后再理性地和她沟通。

在任何一段关系里，冷话都是伤人的。

“就事论事”不一定是最有效的沟通，因为只有事情背后的情绪完整了，人对事情的认识才能完整。

在咨询中心理咨询师发现，来访者经常会有意识地隐瞒或者歪曲事实，必须不断地鼓励他们把隐藏的情绪表达出来，他们才能逐渐看清事实并认识自己的行为。

现代人对情感的渴望是极其强烈的，但他们表达情绪和情感的词汇却极其贫乏。遇到冲突时他们只会使用脏字来回应，因为在他们的大脑里根本就没有“难过”“生气”“伤心”这些表达情感体验的词。他们并不知道，这个脏字的攻击性有多强，这样做很容易会让矛盾激化，让冲突加剧。

我们不妨对比一下这两句话所传达出来的情绪。

“你昨天居然不回我的信息，真该死！”

“你昨天似乎忘了回我消息，我感到伤心！”

你永远不要去假设一个人承受语言伤害的能力。人都是敏感的，敏感到你不知道自己说了哪句话就触及到了对方的底线。

不像网络聊天，你发出去的消息还能撤回来，现实中你说出去的话就像泼出去的水，永无撤回的机会，因为你向对方传达的情绪是无法撤回的。

大部分“说话直”的朋友都喜欢给自己贴上“真性情”“拒绝套路”“正直不阿”这些高尚的标签，其实他们都是痛快了自己，伤害了别人。所以，他们的人际关系会变得越来越糟。即便这样他们也不会选择改变，因为他们就喜欢活在这种“忠言逆耳”的内心戏里，恨不得在里面待一辈子。

其实说冷话的人多半都是热心肠的，可是当我们听到一个人对我们说冷话时那种四体百骸的感受让我们无法体会到他们的热心肠。

不要总认为别人是错的，我们应该多去考虑别人的感受，在人性这件事上，没有谁是绝对高尚的。

人们越来越喜欢装高冷，眼角的余光扫射得太过麻利，信息在传达到大脑的过程中路过的关卡又太繁杂，以至于各种情绪反应都很迟钝。当你发现说真话容易犯错时，便不再说话；当你发现你的情绪会影响你的人际关系时，便开始学着不动声色；当你发现手舞足蹈会影响你在别人心里的形象时，便不再做任何夸张的动作。你终于活得“规范”了，控制了表情，隐藏了情绪，成了“套中人”。

你为了合群而隐藏了真实的自己，最后你仍然是孤独的。因为你和那些人的情绪始终没有在一个频率上。最终你会发现，没有情绪竟然是最令人感到心痛的。

虽然情绪暴露得太多会略显矫情，但暴露得太少两个人就会有变陌生的危险。

在一段关系中，如果对方不会因为你而产生丝毫的情绪，那就说明你们之间的距离已经到了无法挽回的地步了。婚姻生活中遇到的最痛苦的事不是伴侣出轨，而是两个人没话说。

真正的情商高手，从不会说冷话，只会说“情话”。**成熟并不是一个逐渐变得沉默的过程，你需要的不是逆耳忠言，更不是彻底闭嘴，而是学会正确地表达自己的情绪。**

生活中能不能既说真话又不得罪人

“老师，我说真话总是得罪人怎么办？”

这几年来，无论是在我的公众号里还是在心理咨询的信箱里，总有大量的读者给我发来这个问题。真诚原本是有利于建立良好关系的，但是在这些提问者那里，真诚反而成了建立关系的绊脚石。这件事看上去简单，其实背后隐藏着很多问题。

生活中能不能既说真话又不得罪人？

绝对是可以的，只有失败者才把虚伪当成熟。我曾经跟随导师接触过很多企业家，他们性格迥异，各有所长。唯独在一件事上，他们表现得很一致，那就是他们和任何人说话都会让对方有一种如沐春风的感觉。

初入社会时，我发现小时候妈妈教给我的待人接物的方法完全不管用。我用了她教的方法以后四处碰壁。我总是带着一颗真诚的心去对待他人，最后却被伤得千疮百孔。

我一直感到不解，也曾为此伤心流泪，但始终都找不到答案，更找不到理解我的人。于是我开始怀疑这个世界，怀疑自己的做法是错的。在越来越迷茫的过程中，逐渐放下了多年的纯真和善良，让心变成了一块石头，这样就没人可以再伤到我了。然而多年以后的我看着镜中的自己，发现自己变成了曾经最讨厌的那种人。

在提高情商这件事上，有些人这辈子也没有收获。他们可以在酒后骂遍所有欺负过自己的人，在清醒时却像个沉默的乌龟，生活中一有风吹草动便吓得躲进龟壳里瑟瑟发抖。殊不知有时候语言的力量可以改变命运。

下面介绍两个沟通技巧，都是心理咨询师常用的，可以帮助你成为人际高手。

留白

说话得罪人的问题不在于“真诚”，而在于“绝对真诚”。再好的亲密关系也很难忍受自己的隐私被不留余地地揭出来。

与人沟通时需要“留白”，不该说的不说，需要“轻描淡写”的要少说。那些无用、伤人、烦人的真话，说出来对两个人的关系是具有破坏性的。不加区分的真相带来的痛苦其实和谎言一样多，因为讲真话的人并不尊重他人的感受。

如果你未来的老公问你："你喜欢我妈吗？"

如果你不喜欢未来的婆婆，你该怎么回答？假如你说"实在是太讨厌了，我从来没有见过这么麻烦的老太太"，那这段感情会立刻走向终结；如果你隐瞒了真实的想法然后说"没有啦，你妈挺好的，我很喜欢"，那未来真相暴露的话，你们的感情也会闪电般破裂。

欺骗只是把灾难延后，灾难还是会到来，而且造成的伤害会变本加厉。

遇到这样的问题，你可以更有技巧地回答："亲爱的，难道我不是在和你谈恋爱，而是在和你妈妈谈恋爱吗？"

这便是"留白"的艺术，将关键信息用暗示的方式说出来，之后引导对方从其他角度去思考问题以回避和对方的正面冲突。

实际上这段话已经隐约地把真实情况告诉对方了，只是没有那么具体。这时对方会自动在心里对真相可能造成的伤害进行预估，然后他会理性地做出一个感情上的权衡。假如你直接把全部真相都告诉他，那对方肯定会因愤怒而丧失理性，以至于将你们的感情推向无法挽回的余地。

也许对方还会进一步对你追问，比如："你到底喜不喜欢？我想知道！"你只需要再次"留白"："一开始我可能会有点不适应，也许我需要你的帮助。"

对方最终会明白你的意思，如果他无法接受，他会离开。但你们的关系不会势同水火。

任何时候都不要让真诚变成一种伤害，更不要勉强自己活在谎言中。

一位母亲来找我咨询家庭问题，这样问我："周老师，你觉得我是一个什么样的妈妈？我真的像他爸爸说的那样，太霸道了吗？"

其实我明白，这位妈妈太过强势，在任何事情上都要掌控自己的孩子，引起了孩子的强烈反抗。要改变这种互相伤害的关系，这位妈妈需要适当地放手。

我使用"留白"技术回答她："出于对孩子的保护，妈妈适当地关爱是必需的。但孩子毕竟不是我们人生的续集，他可以有自己的生活。"

前一句我已经隐晦地告诉她，她有些过于强势。后一句话，我引导她换个角度去思考。

再举一个例子帮助大家理解。

一位高校领导请一位著名的学者指导他的侄子写毕业论文，后来学者发现领导的侄子对专业论文完全不懂，他多次指导都没什么效果。

最后领导问学者，这个学生的科研水平如何，学者是这么回答的：“他的家庭背景不错，这本来是件好事，可他没有很好地利用这一点。领导，您也应该多抽点时间帮助他才行！”

这位学者和我吃饭时说过此事，我佩服地连声叫好。毫无疑问他成功地使用了“留白”技巧，既间接地向领导说出了真相，又引导他去思考，让他意识到侄子恐怕会丢他的脸。

生活中总有人喜欢披着“诚实”的面纱用粗鲁的行为去伤害别人，最终必定会招来别人的厌恶。我们平时应该多看一些相关的书籍，体会“留白”沟通法的高明之处。

学会自主性沟通，
不要总用威胁的口吻对待别人

不知道从什么时候开始，身边的人都开始喜欢用最后通牒式的口吻来威胁别人，从而达到解决矛盾的目的。他们美其名曰：守住底线。

比如你吼你男（女）朋友："要么你明天来见我，要么我们就分手！"这个问题的结果会是什么样呢?

一开始使用这种方式来沟通，可能会有效。但多次使用会导致你们的关系从此终结。这种"铁腕政策"无论是在工作中还是在家庭中都得不到很好的效果。一个领导如果经常用最后通牒式的口吻进行沟通，结局多半是受到下属的憎恶。即使他们能暂时配合他，也只是面和心不和，很可能会想办法敷衍他。

虽然在恋爱关系中免不了会有权利的博弈，但任何一段互相尊重、互相关心和爱护的关系都不是靠威胁来维系的。在人际关系中

喜欢用威胁的方式来维系关系的人，恰恰暴露了他们的无知与软弱。

生活中怎样才能很恰当地给对方提要求？你可以试试自主性沟通。

自主性沟通就是通过描述自己的体验来向对方表达自己的需求。

“要么你明天来见我，要么我们就分手”这句话要用自主性沟通该怎么说呢？

“我生病了，这几天总是害怕晚上一个人。不知道为什么，每当我害怕时都会想起你，一想到你我就不怕了。可以的话，你明天能过来陪陪我吗？我快坚持不住了！”这段话就很好地使用了自主性沟通的技巧。

我们校长就是自主性沟通的高手，连对我的逼婚都说得那么有水平。下面给大家分享下：

“周老师，你这么优秀的青年却一直单身，每次想到这件事，我就会思考是不是我的工作出了什么问题，也许是我给了你太多的压力，让你没法很好地考虑自己的幸福。这是我的错，我向你道歉。也许，我该找一下相关的同志，让他们想想怎样才能帮到你！”

这段话中有关结婚的事只字未提，他完全是从自己的感受出发，听上去让人觉得很舒服，那一刻我真的被感动了。

真正有智慧的人是不会对别人发号施令的，更不会轻易动怒。他们只是提出请求，并分享自己的感受。事实上，你换一种方式表达就好多了：“如果你做了（或者没做）某事，我会觉得很受伤。”

如果你都这样说了，对方仍然表现出一种“我毫不在乎你的感受”的姿态，那么你也没有必要再继续和他相处下去了。

有读者给我留言说：“周老师你分享的知识都太世故、太圆滑了。我们就喜欢那种直来直去的人，那种很做作的人，我们很讨厌！”

我通常回答他们：“像你这样真性情的人很少！”

如果你和他们想的一样，我想对你说，这个世界上的确有那么一部分人是抱着“青山不改，绿水长流”的大侠心态来和你相处的。我也有不少这样的朋友，对于这样的人，你可以用真性情去对待，完全不用使用我教给你的技巧。

还有一部分人，对待他们你也不需要使用沟通技巧。他们与上一种人截然相反，这种人请你直接远离。因为他们已经完全利欲熏心，是没有感情的人。你的真诚远远比不上金钱对他们的诱惑，简单地与他们保持利益往来就行。

但是，大多数的人是介于这两种人之间的，面对他们你就需要一些谈话技巧来帮助你与他们达成更好的沟通。

所有事情的背后，都有着人的情感在流动。所谓情商高手，就是能把握住这种流动，抓住事情的关键的人。

真正的情商高手，不轻易让人说“不”

1

你们信吗？你的大脑并不完全受你控制。或者说，你的意志其实是被另外一个“自己”支配着，这个“自己”就是潜意识。

在日常生活中，自己的意志受“另一种力量”摆布的情况非常多。例如：

你明知道老公性格软弱又没有主见，但关键时候你还是会听取他的意见，最终结果是吃了大亏。

你明明有一堆的工作要完成，可就是静不下心，脑海里总是回荡着你和前任分手时他留下的狠话。

你明知道对方是情场浪子，他身边有一堆女朋友，可你还是情不自禁地爱上了他，然后不出所料地被他伤害，再被他抛弃。

大家都说，这就是我的命啊！其实这并不是你的命，这是你的潜意识在作怪。人，最难了解的不是别人，而是自己；最能击垮自己的也不是别人，而是自己。在潜意识面前，我们的理性总是不堪一击。

情商菜鸟在生活中往往是被潜意识牵制的，情商高手们都懂得让自己不受潜意识控制，他们善于用潜意识和别人进行沟通，从而让关系变得融洽，让别人更能接受自己。

一句“飘柔就是这么自信”引得洗发水立即脱销，原因就是广告语击中了消费者的心理，人们在潜意识中都渴望让自己变得美丽与自信。谁都知道要真正提高一个人的自信，洗发水根本帮不了你多大的忙。但我不得不佩服这句广告语的作者，他是标准的情商大师。

我们只注重食品安全，却不注重心理安全。

有一个北大博士，他被朋友圈里带有负面暗示的广告和鸡汤折磨得不成人样，为了让自己不受那些暗示的影响，他把那些发广告的朋友都删了。但我认为，一个高情商的人是不会被暗示所影响的。他这样做保住了自己的智商，却放弃了情商。

征服一个人的最佳方法是绕过他的意识直接去征服他的潜意识。

所以，不论是在职场还是在情场，让对方在潜意识里对你留下好印象，比用理由说服对方更有效。

不想让自己成为别人“棋盘”上的一枚“棋子”，甚至想要成为一名“棋手”，你得认真学习一下潜意识沟通法！

2

下面我介绍一下潜意识沟通法中封锁否定的技巧。

封锁否定的会话策略是不让对方有机会说“No”。

最常见的情形是，你去西餐厅，服务员一般会直接问你：“先生，你的牛排要七成熟还是九成熟？”这样问的好处是让对方没有时间去研究菜单里的菜合不合胃口，从而减少了他离开餐厅的可能。而且让对方回答几成熟会显得更有格调。

你很有好感的人找你表白时，你第一时间想到了什么？Yes或No，对不对？你马上就会想，如果你回答的是“Yes”，那就意味着你将成为他的恋人，从此要关心他、照顾他，甚至还要做一些自己认为会失控的事，好害怕，还是先拒绝掉吧。拒绝会让你感到安全，但是你一旦拒绝，你们的关系也就破裂了，再想恢复就难了。

所以，可以做我男（女）朋友吗？这种话永远不要说出口了吧。因为表白被拒绝而选择自杀的人很多，如果大家能多懂一些沟通技巧的话，就可以减少这种不必要的牺牲。

看看下面这段对话就知道我们平时是怎么把天聊死的。

“可以和你约会吗？”

“No，今天我很忙。”

“一起看电影如何？”

“我真的没空。”

“什么时候有空？”

“不知道。”

大部分男生邀约时被拒都是有原因的，这并不能说被邀约的人无情，而是他们邀约的技术实在是太low（档次低）了。

因此，在最初的谈话中防止对方产生“No”的反应非常重要。

怎样才能做到呢？很简单，就是你提出的问题要让他无法回答“No”。

“我们去吃饭还是去看电影？”

“可是我没空。”

“那就去喝杯咖啡吧，不占用你太长时间。我可以推荐你一本好书，你喜欢看哪方面的？关于文学的还是关于历史的？”

“嗯，我对文学比较感兴趣。”

《爱情公寓》里，情圣吕子乔就是这样教展博的。

“你要问婉瑜：‘我可以追你吗？’这样就不会遭到她的拒绝。因为可不可以追她是你自己的事，婉瑜没有办法拒绝。”这就是封锁否定技巧。

假如你使用了封锁否定的技巧，对方还是不肯出来呢？那就不用再考虑了，直接换人吧，感情上没有谁是注定廉价的。

3

在我公众号的后台有很多姑娘给我留言，她们说现在怎样和男神聊天已经不重要了，自己根本就没有办法把男神约出来。主动约她们的男生她们又看不上。传统观念总是说，女生不能主动，女生要等，要把自己打扮成万人迷，这样男神就会自动找上门了！

这是什么年代的观点啊？是谁教你的？是父母吗？在你成年以后，感情方面的事就别再听父母的话了，他们帮不了你忙。

有一类女生虽然相貌平平，性格上也没有什么优势，却往往比较容易找到男朋友。原因就是她们非常喜欢用封锁否定的技巧来沟通。

在其他女生都拼命阻止自己的男友玩游戏时，她们却总是对男友说：“我是和你一起打辅助（辅助输出类型角色）好呢，还是打ADC（物理伤害输出类型角色）好呢？”

除了以上情况，我们还可以把封锁否定的沟通技巧用在职场上。

暖树姑娘知道女孩子在找工作时经常遇到性别歧视，所以她在面试时总要问对方：“你们公司会不会歧视女性？”所有被问到的人都回答她：“当然没有，我们公司一向秉承男女平等的原则来招聘。”

结果暖树姑娘还是因为性别原因被淘汰了。

其实暖树姑娘的问法是错误的，会诱导别人更加关注她的性别，从而刻意将她放到他们的标准中去衡量，这对她来说自然是大大不利的。

暖树姑娘在这个问题上应该使用封锁否定的技巧来引导对方忽略这一点。

“贵公司是希望我发挥女性的优点，在工作中认真仔细、有条不紊呢？还是希望我像男生一样卖力地干活？我两者都行！”这句话便很巧妙地把自己的优势植入到了对方的潜意识。

不要直接问她们想不想录用你，而是要问他们更看重你身上的哪些优点，你的哪些优势可以给他们带来帮助。这样你的求职成功率就会大大提升。

这是潜意识沟通的技巧，也是诱导别人转变思维的好方法。

人绝对没有你想象中那么固执，潜意识可以让人的行为有无数种可能。也许你正在生活中饱受辛酸，看着通往幸福人生的大门一扇扇在你面前关闭，你感到沮丧甚至是绝望。其实，你只要花上一点心思，用一点小小的暗示，就足以让阻碍你前进的大山轰然坍塌，让光明的人生大道袒露在你的面前。

真正的武林高手，从不给对方拔剑的机会；而真正的情商高手，从不让人说“不”。

CHAPTER / 02

高情商，不只是会说话

关心一个人说话的内容远远没有关心他说话时的状态重要。

瞬间赢得别人信任的冷读术

1

在写了关于冷读术的入门技巧后，读者们向我提出了很多非常尖锐的问题。在对冷读术进行实战演练之前，我先澄清几个对冷读术的错误理解。

1. 冷读术的“冷读”是用眼神杀死对方吗？

冷读术的具体定义可以参考石井裕之的《冷读术》一书，国内也有不少学者写过关于冷读术的书籍，每个人的理解不同，我个人的理解是：

“冷”就是指两个人不是很熟悉，“读”就是了解对方，**所谓“冷读”，就是在两个人还很陌生的时候，用行为和言语向对方表示理解。**

2. 冷读术不就是迎合别人，说别人爱听的话？

想彻底毁灭一段亲密关系，最好的方法莫过于放弃自我，专注于迎合别人。事实上，不少人都在犯这个错误。因为两个人的关系需要情感互动，假如你舍弃了自我，那这段关系里就只剩下"我"一个人了。没有互动和有效回应的关系很快就会消亡。

冷读术，是要先走进别人内心，在交往一开始，就给别人一种"你很了解他"的感觉，然后让他自己袒露心扉，从而拉近你与他的距离。你需要把目光从自己的身上转移到对方身上，给对方注入情感能量。而奉承是消耗自我能量，专注接受别人的能量。

冷读术与奉承截然不同，前者是正能量（给别人能量），后者是负能量（消耗自己的能量）。

3. 冷读术里讲的句子太过书面化，感觉文绉绉的。

这是一个天大的误会，我在文中使用的例句和生活用语的确有差别。为了方便表达，我在文章中使用了书面语，生活中你需要理解例句的意思，然后用自己的话去表达。当然，如果你习惯用微信交流，还是需要使用书面语的。

比如，"你真棒啊"，用昆明话说："你咋个那么厉害是！"不同地域的朋友，也可以使用当地方言来表达。

任何语言技巧的学习都不要照抄书本。一个人的品位与见识很多都体现在他的谈吐和举止上。这一点，你得培养自己的风格，宅男、宅女大多数都显得很low，主要原因就是没有机会练习沟通技巧。

生活中，我们直来直去不行吗？为什么要使用言语技巧？

一个人经历过沧桑以后，他会渐渐地学会把目光从事情本身转移到事情背后的人身上。事情的发生只是一个表象，本质上是人的欲望在交换。高情商的人懂得使用语言技巧，把一切事情都做得更能让人接受。

有人说，圈子不同，不必强融。可每当我看到苦了一辈子的父母，我就会想自己还是掌握一点人际交往的技巧比较好，这样可以让自己更好地与人沟通、合作。而且学好沟通技巧以后，很多圈子也没有从前那么难以融入了。

2

一个同在简书上写文章的朋友，在给我的留言里说到了他使用冷读术的过程和感受。为了让大家更好地理解冷读术，我决定使用这个例子。

他对一位女孩说："所有人都觉得你是个阳光少女，可我隐隐觉得，你有一种不为人知的忧伤，可以跟我说说吗？"

这里他非常没有创意地问了大多数撩妹达人都喜欢问的话。

女孩这样回答："你怎么知道我失恋了？"

虽然这位网友使用冷读术的技巧不是很熟练，但女孩的回答无疑显示了冷读术的功效——女孩觉得他了解她。可惜他毕竟是新手，对女孩的回答感到不知所措，后续的聊天也很失败，最终浪费了这个好的开始。

我告诉他，接下来应该这样说："像你这样总为他人着想的善良的女孩，往往容易受到伤害！"

在这句话中，我使用了共情术，我在前面的文章中写到过。**抛开你自己的立场去想象一下，这个女孩失恋了，又不愿意告诉别人，说明她一定是受到了伤害**。她可能多次抱着腿在墙角哭泣过，多么让人怜惜啊。这是个被动的女孩，你要给她一点支持。

网友听了我的答案，跟我说："我终于知道自己做了三十年备胎的真正原因了。"

面对这位少年我真是又无语又想笑。不对，三十岁比我还大了。

大哥，放下你手头的一些所谓重要的事，去专注地学习一下人际交往的学问吧！不然你很可能会孤独一生。等父母离开你之后，你在这个世界上便是孑然一身。不过我也理解你，我曾经在很长一段时间里也是一个内向而安静的少年。我能做出今天这样的改变，也是经历了不少痛苦的。

3

网友还误解了一点，我教他的回答，其实是站在好朋友这个立场的。假如他想和女孩发展一段亲密关系，可以像下面那样回答。

“你怎么知道我失恋了？”

“我怎么知道的并不重要，重要的是你要明白，你只是失去了一个没有眼光的男人而已。看过麦当劳最新的广告了吗？我们也可以像麦当劳广告上说的那样，你三十岁还嫁不出去的话，我娶你就是！”

上面这个回答就使用了冷读术中的杯子技巧。

当你实在没有办法判断出你和对方之间的距离，而又想要接近对方时，就需要使用杯子技巧。在你和对方一起吃饭时，你可以试着把自己的杯子移向对方的杯子，假如对方没有把自己的杯子移开，说明你们的心理距离变小了。

小时候班里的男生经常在教室里“叠罗汉”或者一个人坐在另外一个人的腿上，这是关系好的表现。一个男生要想把另一个男生发展成死党，他会先用手把对方搂过去，看看对方是否接受。

模仿麦当劳广告让“我娶你”这三个字说的不那么直接或尬尴。像一个杯子靠近对方，进可攻退可守。不管女孩如何回答，你那样说都能起到安慰她并且拉近你们之间距离的作用。

当然，如果一次诱导对方产生共鸣不成功，你可以退而求其次，选用其他方法再次出击，比如：

“所有人都觉得你是个阳光少女，可我隐隐觉得，你有一种不为人知的忧伤，可以跟我说说吗？”

“没有啊，我从来都不难过，一直很快乐！”（对方否定。）

“是吗？你可真是个福星。但我感觉你很敏感，有时一件不起眼的小事都会令你感到忧伤吧？”（二次冷读。）

4

当然，冷读术也不仅仅只适用于谈恋爱，它在发展所有关系中都适用，恋爱关系只是众多关系中的一种。

冷读术里的封锁否定技巧在职场上就有很大的作用。

比如你对老板说：“老板，我想加薪！”

这个提议被老板否定的概率几乎是百分之百。

那怎么办呢？你的老板毕竟也是个人，而不是“铁公鸡”。你要不断去诱导老板说出“是”，**当“是”在他的大脑中出现的次数多了，思维惯性自然就会阻止“否”在他大脑中出现。**

“老板，您会不会觉得公司的许多员工有点懒散？”（第一次诱导他说“是”。这个问题几乎哪家公司都会有，老板此时说“否”的概率很小。）

“是啊，我偶尔会这么觉得。”（老板说的其他内容在此省略。）

“如果我有一个好的建议，并且已经经过了周密的思考，用来帮助解决这个问题，您愿意听听吗？”（第二次诱导他说“是”，无非是让老板听听，他不太会拒绝。）

在描述这个方案的过程中，你要多提一些在实际工作中令老板感到烦恼的问题，让他一直点头，最后再问老板：

“老板，我进公司这么久了，您觉得我表现得怎么样？”

“你是一个有进取心的青年，公司需要你！”(无论老板是否真心喜欢你，他都不太可能当面说你坏话。)

“那老板，我最近在生活上遇到了点困难。您能不能考虑考虑给我加一点工资？”

在说这句话之前，你用了众多看似废话的问题来引导老板说“是”，之后才抛出你的主要问题。老板也是身经百战之人，他会立即意识到这才是你的重点。这个时候，他多半会说他要考虑考虑。但经历了这样一轮谈话以后，老板同意你请求的概率会大大提升。就算你的提议最后仍旧被驳回了，你也让老板对你有了更多的了解，为今后的加薪迈近了一步。

很多人懂得使用冷读术，只是不敢用。我们受惯性思维的影响，总是害怕与老板这种权威人士交流。

情感支持比任何物质上的支持都重要。多使用情感交流的技巧，在朋友圈里做一个正能量的人。所谓物以稀为贵，当别人都在喊苦的时候，一个能给别人带来正能量的交友达人，在职场、情场上会无往不利。

聊天时每个人都想聊自己

前段时间，我介绍了三个心理学沟通技巧来帮助大家化解生活中的尴尬。此后开始陆续有读者在公众号后台给我留言，希望我能多分享一些心理学技巧帮助大家提高情商。今天我打算介绍一项进阶技巧——共情术，它是心理咨询师常用的技术之一，是心理咨询的基本功。

在心理咨询中，咨询师需要在很短的时间内赢得来访者的信任，打开来访者的心扉，拉近自己与来访者之间的距离，共情技术的价值就在于此。

我们常常感到自己很孤独，总觉得父母、朋友与我们根本不是同一世界的人。因为他们总是站在自己的角度去思考问题。我们都因此受过伤。

要想寻找一个知音，我们先学会做别人的知音吧。共情术可以帮助到你。

你陪女生去买衣服，女生总是会不断地问你：哪件更好看？无论你是她的闺密还是她的男友，都会为这个问题发愁。你实在无法捉摸到对方的真实想法，所以回答多半是，“无论你穿哪件都是漂亮的”。

实际上，女生并不满意这个答案，女生心里往往会这么想：问你也是白问！这样你就没法与她建立起更好的亲密关系了。

假如你是个高情商达人，你会知道：**关心一个人说话的内容远远没有关心他说话时的状态重要。他说什么不重要，重要的是你要把握住他在想什么。**共情术的关键就是在情感上和对方站在一起，共享一份内心体验。

穿什么更好看？这个问题如果使用共情术来回答，应该这么说：

“我觉得各有千秋。你穿紫色那件会显得更高贵，但有点显老，不符合你可爱少女的气质；穿红色那件又太耀眼，像圣诞老人。不过没关系，你总是给别人带来快乐。我们还是再转转，也许有更适合你的款式。”

这里你需要明白的是，女生在问你穿哪件衣服好看的时候，她并不完全是想从你口中征求到关于衣服品位的答案，这方面她更相信自己的判断。她真实的想法是想展示一个更好的自己给你看。

于是，你不用过多在意这个衣服是否漂亮。你需要和她持有一种共同的情感——**她在你眼中的确可以更好。所谓共情，就是弱化自己的立场，去体验他人的情感。**

也许，买不买衣服这件事本身并不重要，重要的是你们能继续愉快地逛下去。

包括我在内，在没有接触心理学之前，我们往往喜欢以自我为中心去思考问题，这会使我们的人际关系变得很糟糕。有时候我们说的话明明是为了别人好啊，为什么别人不领情？这让我们感到很受伤。

下面我举一个日常生活中的例子，来看看我们平时是怎样在语言上把关系搞砸的。

事情的经过是这样的，一个女性好友失恋了，来找我倾诉。她男友打电话让她坐火车赶到他所在的城市，可她到那儿之后男友却一天都没有理她，不回她电话也不回她短信，她一整夜都在痛苦中煎熬。第二天早上她接着打电话给男友，男友总算是接了，此时她忽然听见电话旁边有其他女人，于是她决定和这个男人分手。

日常生活中，我们经常会遇到朋友找我们倾诉的情况，在不经意间我们都充当着好友的心理咨询师。下面的三种回答是我们在日常生活中最常听到的。

错误回答之一：

“这不算什么，现实就是这样，男人都是花心的，很多人都像你一样被伤害。看淡点，想开点！”

很多人受鸡汤文影响太深，他们总认为现实是伤人的，把一切困难和问题都归结于现实的黑暗。“我们都败给了现实”这句话的确可以安慰人，但是，这样的观念容易让人感到悲观和绝望，越来越没有勇气在社会上拼搏。心理学工作者一直在澄清：**现实没有迫害我们，现实就是现实，没有那么幸福也没有那么痛苦。我们需要调整面对现实的心态，然后再找到解决问题的方法！**事例中的回答，也许能给朋友带来一时的安慰，可从长远上来看，这对朋友的心理健康是不利的，她会越来越脆弱，越来越需要你的安慰和支持，你最终会因为不堪重负而离开这个朋友。

错误回答之二：

“这有什么，我那个前男友也是这样，我当时就给了他一巴掌。你不要在这里难过了，好姑娘要像我一样坚强起来。”

这个回答很明显地暴露了一个问题，我们总是喜欢以自我为中心，根本没有理解朋友的想法。作为一个人，我们是没有办法一直保持坚强、理性的状态的。这样的回答太强势，会让朋友感到不安。也许她还深爱着前男友而无法彻底放手呢？可能你觉得她太过软弱，又难以理解，但作为朋友，我们必须接纳朋友的软弱。太过从自身立场出发去考虑问题，是无法提升亲密关系的，甚至你们两个人的友谊都难以再继续下去了。

错误回答之三：

“别说了，我们现在就去找那个男的说清楚，我一定帮你出这口恶气！”

现实生活中我们如果真有这样仗义的朋友，自己肯定会感到非常高兴。可事实上，这样仗义的人最终都不会获得朋友的感激，反而会让自己卷入到朋友的麻烦中。影响自己不说，最终还会搞砸朋友之间的关系。事实上，我们无论是作为朋友还是心理咨询师，都应秉承“助人自助”的原则，**我们是给别人注入心理支持，让他更好地解决自己的问题，而不是代替他去解决问题**。

我们能够更好地理解和分担朋友的痛苦，这已经是相当不容易的事了。

以上错误的回答，愿望都是好的，出发点都是想帮助朋友。但是最后都得不到好结果，那就让我们来试试共情术吧！

“你真是个深情而又坚强的好姑娘，为了这场不平等的感情，你付出了很多！我很欣赏你斩断情丝的勇气，这一点很难做到。我会帮助你，和你一起面对痛苦的。关于这个男生，他平常还有什么行为让你感到很受伤？可以说给我听听吗？”

我的这番话说出了姑娘想表达但又没能表达清楚的东西，让她感觉到自己是被理解和被接纳的，我的话里没有批评和攻击，让她顿时产生了一种安全感。

说完这段话之后，我使用了另外一种沟通技巧——倾听。倾听可以让她在说的过程中主动回忆男方在日常生活中的行为。回忆的过程让她更加确定离开前男友的这个决定是对的。这一点结论，最好让她自己得出来，我不能替她做决定。

她最后终于看清了这段感情，决定放弃纠结和焦虑。她觉得我是个很好的朋友，是最理解她的人。整个过程中，我并没有说太多大道理和开导她的话，我只是起到了引导的作用。

再次强调，所谓共情，就是弱化自己的立场，去体验他人的情感。下面再举个实例，帮助大家理解如何运用共情术。

假如你有一位女性朋友，别人为她介绍了两位男士，一位高大帅气但家庭不幸，一位生活富庶但是眼光狭隘。朋友不知道该如何选择，特来求助于你。

这时候共情术最适合你。你应该和她这样说：

“这个选择很难，很多女孩都面对过这样的选择。我们很难找到十全十美的人，脸不能当饭吃，可物质条件也很重要。可我们又不能和钱过一辈子，如果两个人无话可说，生活在一起也是非常痛苦的。我知道，最近你父母也催得紧。而你除了继续这样等下去也没有别的办法。这件事真是让你伤透了脑筋，我真的很理解你！”

比起她倾诉的这个问题，你更应该注意到她此时此刻的心情。至于她到底想选择哪个，就让她自己做决定吧。

用共情术去沟通确实能有效地打开对方的心扉，让他说出自己真实的想法，进而对你产生好感。这样既加深了你们之间的友谊，又提高了你的魅力。

但共情术毕竟是心理学专业技术，运用不当还是会有弊端的。

太过于理解朋友，朋友会对你产生依赖，甚至把其他情感也投射到你身上，为此会产生不必要的麻烦。心理学宗师级人物弗洛伊德的老师布洛伊尔就是因为太能理解对方的感受，所以在给女性来访者做咨询时，被女方爱上，逼得他不得不选择离开心理咨询这个行业。

共情术的运用既要因人而异，还要因事而异，需要把握时机和尺度。正如一切武功招式都需要内功的支撑才能发挥威力一样，共情术需要你有一定的阅历和心理学功底。

掌握共情术，能让你成为人际圈里的大众知音，能瞬间提高你的交际能力，在别人眼中你会显得温柔而善解人意。希望大家能抛弃一些传统而强势的做法，能拥有大海般宽阔的胸襟，做一个能接纳别人的情商达人。

请告别无效的安慰

1

总有人问我：“为什么好朋友总是容易翻脸？我一直那么用心地对待她，难道是我错了吗？”

我总是这样回答她们：“你并没有错，但仅仅是用心相处还不行，你还要做到感同身受，有时候你需要懂点心理学，懂点人性。”

在我们的观念里有一个误区：只要你真心对别人好，别人就会真心对你好。

然而在现实中，我们遇到的情况多半是好心被当作驴肝肺。我们会责怪别人“不识好人心”，同时也会责怪自己“不能理解别人”。

这两种观点都是对交往不顺的误解。

人际交往这件事，道理我们听得太多，可至今没有一种道理可以真正提升我们的沟通能力。**这并不是我们的观念出了问题，而是情感沟通出了问题**，我们在实际沟通中需要一点技巧性的东西。

我们“安慰”朋友时，总是忍不住用自以为是的睿智、成熟或看透一切的淡定去“压制”亲历者的真实感受。我们拼命地发表着自己的看法，摆出一大堆道理，一心想要别人接受自己的意见。如果对方没有接受，我们就会感到自己很没用，顿时有一种深深的受挫感。

“道理”真是距离“理解”最遥远的东西啊，因为**我们压根就不在一个“道”上，讲再多的“理”也没用**。

我不求我的好朋友大富大贵，但我真的希望我的好朋友能懂得安慰别人。我们得不到好朋友的安慰，大概也是因为在他们痛苦的时候，我们也不怎么懂得安慰他们吧！

2

小娟同学被男友抛弃了，这几天一直在宿舍里自暴自弃。舍友们看不过去，一起陪她来做心理咨询。

其实，我有点奇怪，这几个女生的关系应该很密切，小娟应该很容易获得情感支持才对。痛苦来临时，身边有人能分担她的感受，她不应该那么悲痛欲绝啊！

但没过一会儿我就发现原因了。

按照惯例，我问小娟："发生了什么，能和我说说吗？"

虽然舍长已经和我说清楚了小娟这件事的基本情况，但我还是希望小娟能亲口说给我听。她几次想开口，都是话到嘴边却一直呜咽着不说。

这时同来的一个女生开始"安慰"她。

成绩优异的枫姑娘说："不要难过了，他不过是个'劈腿男'，哪里配得上你！"

长相甜美的婧姑娘说："他又不帅，又没啥好的，真不知道你为什么看上他！"

曾经有过同样悲惨情史的蔚姑娘说："没什么啦，我比你惨多了，回去我慢慢跟你说。"

还有两个女孩也在七嘴八舌地安慰她，可看着小娟的表情我猜到她的痛苦并没有半点被消解，反而更加难受了，最后竟然号啕大哭起来。

我这才意识到问题的严重性，我把娟一个人留下，让其他几个女生都回去了。

我问她："你这么难过，是因为想到了抛弃你的男友，还是因为听到了她们刚才的话？"

娟哭着说："两者都有，但更多的是因为她们刚才说的话。"

安慰别人是一件很需要情商的事，一种高难度的沟通。如果方法不当，你对别人的安慰就像一张透不过气的创可贴捂在伤口上，你的善意就会像滚烫的开水，浇在了对方本就经受重创的心灵上。

心理学中把这种无效的安慰叫作表层安慰，也叫冷安慰。它不仅对帮助别人无效，还会在别人的伤口上撒一把盐。

现实生活中我们常犯这样的错误，一些刚入行的心理咨询师也经常犯这种错误。

当一个男生在和女朋友闹分手时，他的好朋友通常会这样安慰他："你小子能找到这样的姑娘已经是很有福气了，还不赶快认错去！"

如果是女生，她们会这样安慰自己的朋友："分了好啊，我就没明白你当初到底看上他哪儿了。"

这两种安慰都是错误的，安慰者上来就否认了当事人的基本情绪体验。换句话说，我们之所以找对方倾诉，是希望对方分担我们的糟糕体验，而不是让对方否定我们的经历。

“就算我找到她是我的福气，那你能不能让我哭完、气完再去给她道歉？”男生是这么想的。

“就算他真的配不上我，可我还是喜欢他。你说他很烂，那不就是说我也很烂吗？”女生是这么想的。

我们不能否认，娟的舍友们有爱心又很贴心。但舍友们的安慰只是站在她们自己的角度，没有顾忌娟的感受，所以她们那些话只会渐渐地让娟在潜意识中把自己和她们隔离起来。

孤独并不会毁灭一个人，但在人群中佯装自己不孤独会让一个人觉得自己被深深地伤害了。娟回到宿舍后会想，自己要怎么做才能让朋友们满意。她一定要迅速地开心起来，让她们觉得自己已经愉快地忘掉了前男友，并开始热情地投入到学习中。

娟做不到。此刻，这种无力的迎合会比男友对她的伤害更让她感到心力交瘁。

同样的情况还有很多，在这个浮躁的世界，已经很少有人愿意去了解一个人内心的感受了，冷安慰遍布生活的每一个角落。

我写了一篇需要读者深度阅读的文章，后来被无数网友骂，虽然我内心很强大，但还是会很伤心。我跟一个朋友倾诉，他跟我说：

“这就是你的命啊！”我瞬间非常生气。

小时候，一个和我非常要好的伙伴办生日聚会时没有请我，我非常难过，妈妈说：“一次小小的生日聚会而已，有啥好难过的！”

妈妈，我想说，虽然这只是一次“小小的”生日聚会，但我真的很在乎。

还有一次，班上有一名学生的父亲病故了，我带领全班学生去她家里看望她，出发前我交代大家，千万不要说“以后你要坚强啊”“这个家就靠你了”之类的话，因为这样的话非常伤人。

同理，对于失恋的人我们更不要说：“没关系，你会找到更好的人的！”

假如我是当事人我肯定很想问：“现在连这个人都不要我了，更好的人到底什么时候出现，等我到了三十岁的时候吗？”

天空一无所有，如何给我安慰？安慰是不能套在一个空泛的花架子上的。**人们总爱说，明天如何如何，我却只关注人们的当下，因为被过度期待的明天就是今天的坟墓。**

3

八月长安曾说过：“世界上最好的安慰并不是告诉对方‘一切都

会好起来的’，而是苦着脸说‘哭个屁，你看，我比你还惨’。”

其实我不完全赞同这个说法，因为悲伤的人更愿意有人倾听他的故事，而不是让他关注别人。更何况我们用什么标准来定义自己比别人惨呢？

业界有位女性心理咨询师在一次咨询中闹出了啼笑皆非的笑话。来访者说到了她老公出轨的事，无意间刺激到了这位咨询师的痛处，让她想到了自己悲痛的记忆。于是她花了三个小时和来访者说了自己在婚姻中遇到背叛的事，并抱着来访者哭了一下午。

她以为这次的心理咨询无比成功，可没过几天就收到了来访者的投诉。来访者说：“我是来付费寻求你的帮助的，你反倒让我安慰了你一天！”

当我们想安慰别人时，我们到底应该说什么？有以下几个方法可以使用。

开放式提问

“老师，我前男友抛弃了我！”

“为什么？能和我说说吗？他之前是怎么对你的？”

开放式提问的作用就是让来访者从自己的叙述里得出答案，你只需要帮她梳理一下谈话内容即可。

通过她的描述，你可能会发现她多半只记得男友对她的粗暴。这时你再引导她去回想，生活中有没有人对她很好。假如有的话，你让她多说一些那个人是怎么对她好的，并让她将两个人进行对比。

“我们班班长对我还不错！”

“看起来面对同样一件事，你们班长更懂得照顾你！”

这样就引导她在心理上去找另一个人的支持，并转移对被抛弃后的痛苦的关注。

释义加忠告

“老师，我前男友抛弃了我！”

先让她说一下事情发生的经过，然后对此释义。

“在我看来，真正困扰你的并不是你男朋友，而是你对自己的怀疑。我觉得你可以尝试一下……”

释义有一个好处，能帮助别人意识到问题的核心。假如你抓得够准，会让他对你产生极大的信任。如果你的分析不合理，遭到了对方的否认，也不要强行去说服他。你需要去了解更多的情况，再做出让对方满意的分析。这个过程会获得对方的尊重，让对方感觉

“你很关注我”。

当然，有些忠告并不适合说出来，比如让人顾全大局之类的话。

倾听

“请继续，我在听。”

“你刚才说的是……”

“还有呢，那你为什么这么想？”

倾听技巧并不是让你发表太多言论，而是不断地让对方诉说自己的心事，当他停下时你可以继续问他问题，有时候你也要总结一下他说过的话。

什么样的朋友才是真正的好朋友？我不要求他倾囊相助，不要求他两肋插刀，但我想让他在我最痛苦的时候，给我一些心理支持，让我走出困境。

你要相信我们遇到的所有痛苦与困惑，一定有人可以与我们分担，这个世界上是可以有感同身受这件事的。我始终相信人类会迎来彼此理解的那一天。

我不是不懂世故，我只是懒得用套路

1

三年前有一位同事气冲冲地把一个学生拽到我办公室。

他直截了当地说：“周老师，您给这个学生做一下心理辅导吧，他情商太低了！他的偶像居然是网上那些‘富二代’，我真是管不了了！”

学生名叫峰，穿着一身名牌，是一个典型的“富二代”。我偷偷地瞄了他一眼，他用冷漠和不屑的眼光回敬了我。

我问同事他怎么了，同事说，他在学校里炫富、谈恋爱、打架，老师讲的课程稍微枯燥一些他就拒绝听讲，天天在微博和百度贴吧里与人对骂。

“峰，你听好，一个人任性是有代价的，有些‘富二代’很任性，可天天遭人骂，他们和你一样情商低下。”撂了这句话，同事愤怒地离开了，把峰交给了我。

峰问我："周老师，那些'网红'和'富二代'的情商都低吗？"

我说："总认为别人情商低的人才是真正的低情商！"

峰接着问我："什么样的人情商高？"

我接着回答："能够实现自己的目标且从来不在情绪上浪费时间的人才是情商高的人！"

峰露出了一个奇怪的笑容，接着说："我知道我不去学习，辅导员会感到很不爽。但我又不想把时间浪费在那些没有意义的事情上，所以我才让他不要来烦我！"

原来峰早就对所谓的专业学习失去了兴趣，但他每天都会去图书馆看书，学自己感兴趣的知识。

后来我和峰成了好朋友，我发现他对我的态度与对其他老师的截然不同，他说话让我感到很舒服，却又丝毫没有拍马屁的嫌疑。他会不时地引用一些心理学理论，甚至能用最难懂的精神分析理论和我交流，令我刮目相看。

毕业三年后，峰成了电商大户，资产超过千万。据说他简单地看一下数据就能判断公司的下一笔钱该投往何处，简直就是《欢乐颂》中安迪那样的人物。

你不需要对所有人都表现出高情商的样子。情商高并不是圆滑，有时候坦诚以待比精于算计更能让人信服。情商高就是善于用对方接受的方式去沟通，坦诚地向对方表达自己真实的想法。

2

峰不是情商低，他可能是发自内心地不愿意与他身边的人为伍。然后以狂妄无知的姿态炫富，放大招嘲讽别人，这样就自动地与周围人隔离开了。

心胸无须囿于眼界。峰跳出了老师划定的情商标准，勇敢地做自己，按照自己内心的喜好去学习。一个人如果没有非凡的底气和强大的实力是绝不敢这么做的。

要知道“夏虫不可语冰”，用自己的眼光和道理去判断一个人，用一种你熟知的规则去解释或评价这种规则之外的事物，本身就没有意义。

有些老板总喜欢重用那些让他感到舒服的人，他认为这些人“情商高”。

殊不知这些高情商的人私下早就把他坑得遍体鳞伤，公司的业绩也因为这样的人而一落千丈。在职场上这样的例子还少吗？

我们原本都是有羽翼的天使，不知从何时开始，我们情商的翅膀被折断了。在这个智商和情商互殴，梦想与现实错乱的时代，大众口里的“情商”早就成了最好的伤人武器。

所以我不是情商低、不懂世故，我只是懒得用套路去理会那些人。

3

情商这个东西，一旦拿智商也就是逻辑思维去诠释，总感觉有点拧巴。就像榴莲，无论你怎么形容它的味道，都不如吃一口来得真切。

柳姑娘的男朋友已经和她冷战一个月了，她实在忍不住，就在朋友圈发了一张自己生病打吊瓶的照片，还刻意提醒了男友，然后满怀期待地等着男友立即跑来见她。她焦虑地等待了一个小时，结果男友只是在微信里和她说了一句：“多保重。”

柳姑娘快被气炸了，她怒骂男友情商低。其实她完全没想过，男友怎么会不懂她的意思，也许他早就不想在这场无望的爱情里继续投入下去了，“多保重”这三个字或许已经是他最后的人道主义了吧。

没有谁是绝对的情商低，只是你还不值得他对你动用情商而已。

人是一种情感动物，你可能会忘记一个人当时说过的话，但你一定会记住那个人说话时的情绪。我们需要消除不良情绪在自己头脑中的印象，而不是用言语不断地重复和强化它。

冷战这种事，多数都是因为赌气。辩解得越多，气也就越多。处在这种状态下的两个人需要转移话题。

冷战期间适合给对方发一些令人愉悦的表情，能回忆一下彼此在一起时的快乐生活就更好。如果能找第三方帮助，组织一个活动那是最棒的，这就运用了心理学中的破冰理论。

生病“逼宫”这种方式很难达到和解的目的。因为你在揣度对方的心思，对方会觉得你在逼他就范，这里面的误会将更难消除。

单凭自己的线性思维，是很难理解别人的真实意图的。有些人动不动就给别人扣上情商低的帽子，自己不高兴就一天到晚地挑别人的刺，这才是真正的情商低。

有人是真傻，有人在装傻。若把装傻当真傻，才是真的傻。

冷读术如何挽救绝望的人生

1

没有谁可以完全了解你，包括你自己在内。这一点我们都知道，但我们还是要费尽心力去寻找一个知音。一旦发现有那么一个人像是知音，我们就会立刻把他请进心房。最后却发现，请来的人是个偷心贼。

李寻欢说过："敌人嘛，多多益善，而朋友只要一个就够。"但有时候恰恰是这个朋友，所有的敌人加起来都不如他可怕!

合群还是独立，一直是我们的难题。

聚会时我们抱着手机一言不发地躲在角落里，看着身旁聊得热火朝天的朋友，突然会感到一种茫然和失落。我们不断地回忆学生时代的伙伴们，回忆那段青葱岁月，殊不知只有现在过得不好的人才会缅怀过去。

领导总是赏识其他同事，父母只觉得别人家的孩子好，男神（女神）对你总是不屑一顾，这些对你来说已经是见怪不怪了。已经一无所有的你，是否愿意改变这个绝望的处境？

如果你愿意，那就跟我一起学习冷读术吧！

市面上讲沟通技巧的书多如牛毛，网络上也有很多文章在传授交流技巧。然而我想说，这样的书和文章并不能帮助你改变人生，它们有三个缺点：

（1）只告诉你理念，却不告诉你技术。大部分文章都有一个响亮的标题，读完之后发现，除了几个人生故事外，并没有太多实质性的东西。

（2）大部分文章都在强调如何与对手进行流畅的交流。而我要强调的是，**输出感情远比输出内容重要**。一个人如果喜欢你，无论你说什么，他都会做善意的解读；一个人如果讨厌你，无论你多么好心地提醒他，他都会把你的好心当成驴肝肺。在这点上，我相信大家有相当深刻的体会。

（3）与其被动地迎合别人，不如主动地展现自己。冷读术有助于提升你的沟通技巧，更有利于你的人格塑造，让你远离自卑。

2

冷读术至今没有被完全公开。因为很多人使用这样的技术是为了行骗。我打算写出这个技术的一个重要原因就是，如果我们学习了冷读术，我们可以帮助别人和自己不再被骗。《卧虎藏龙》里有句话：“**剑无善恶，人有正邪。**”

冷读术就是在初步了解他人的基础上，主动用语言或行为表达自己对他人的理解。

比如，每逢新年都会有好友给我发来拜年的信息。无非是“祝您吉祥”“祝您身体安康”之类的话，稍微用点心的人会在信息中加上“周老师”三个字。在所有给我发信息的人里，最让我感动的人是LV老师。她发给我的消息只有五个字：祝早日归来。

我现在终于理解了为什么LV老师在学校里那么受欢迎了。我和LV老师交情不深，她却一直记得我在一个贫困的乡里支教。这五个字勾起了我深深的思乡之情，那一刻我对她好感倍增。

这短短的五个字让我有一种被关注、被挂念的感觉。也许，她就是天生就懂得说话让周围人感到舒服的那种人。

纵观历史，和珅、明珠、高力士等人，无一不是冷读术的高手。

如果我们能懂一点冷读术，生活就没有那么艰难了，过去如此，现在如此，将来也还是这样。

好友情圣君因为善于使用冷读术而广受女生欢迎。不少女生都渴望做他的女朋友。他见到女生时说的第一句话就是："在别人眼里你是个活泼可爱的少女，可我隐隐觉得，在你心里一定有很多忧伤，可以跟我说说吗？"

虽然很多聪明的女生已经看出他的真正意图，可受一种矛盾心理的驱使，还是会喜欢和他交流。

我们一面封锁自己真实的内心，一面又迫切地渴望别人能了解我们。在这样的矛盾心理下，像情圣君那样的人就很受欢迎。他说的那种情况，所有人都会有。所以任何人听了都觉得他说的有道理。

那在日常生活中，正常的冷读术应该如何运用呢？

同调法

面试的时候考官经常会问这么一个问题："你为什么会选择我们公司？"

回答方式有很多种，但最好的方式就是你和考官同调。在你面试之前，你需要了解这个公司的文化背景。

比如你应聘的是肯德基或者麦当劳之类的公司，你应该回答：“因为我想把欢笑带给大家。”你细心观察会发现，欢笑这个表情，在肯德基的各种广告里是一个核心的标志。欢笑这个词在肯德基的企业文化里也是一个标志性的词语。不要小看这个词，**一个同调率很高的词能极大地拉近两个人之间的关系**。

再比如，一个新来的同事P，他是个热爱爬山和极限运动的人。有一次我请他吃饭，发现我们常去的店铺都已经满员了，我们只能选择一家没去过的餐厅，进门之前，我看到了他眼里的犹豫。

于是我对他说：“我们来挑战一下这家店的口味吧！”

当时我就看到他露出了会心的微笑，之后我们进行了一次非常愉快的聚餐。

例行话题

生活中，每个人都会遇到各种矛盾和心理冲突。利用这些心理冲突来组织话题往往能达到意想不到的效果。一个好的交流往往是从双方袒露心扉时开始的。下面是我总结的几个例行的话题，大家在生活中看情况运用。

“看得出来，你是那种经常为对方着想，却又让人误解的人！”

“你总是在不断努力，总是坚强地面对所有问题，有时候难免会为难自己，是吗？”

“看得出你有很大的潜力，也许目前的你还没有到达最好的状态。”

“我相信你是一个看人很准的人，但是人心隔肚皮，有时人们翻起脸来真会让你吓一跳！”

“对你而言，钱并不是最重要的，你生命中肯定有比钱更重要的东西。可以和我说说吗？”

使用这样的谈话技巧，对于没有交流经验的人会有很大的帮助。因为它让你把说话的主动权转交给了对方，让别人有一种倾诉的欲望。比起那些只顾自己说话却从不顾他人感受的人，高手总是能让对方滔滔不绝。

心理咨询师善于使用的沟通技巧就是用例行话题展开对话，单纯地倾听来访者的诉求，然后再跟着做一些简单回应。

人际交流主要是交流心灵而不是讨论外在事物，从今天起，忘了爸妈那些在哪儿上班、买车买房之类的话题吧！当然，如果有人对这样的话题咬着不放，而且你们又没有什么利益关系的话，我觉得你可以结束这段关系了。

积极关注

积极关注并不完全属于冷读术，它是心理咨询中的主要技巧之一。心理咨询师常用到积极关注技术帮助来访者找回自信，让来访者产生一种被理解、被关心的感觉。

下面举一个实例。当来访者说了很多他在生活和情感上不顺的事以后，咨询师可以这么说：

“我相信你在改善生活窘境的过程中，一定做出了不少努力。”

来访者可能会回答：“我做了不少的努力，我和上司据理力争，同妻子沟通，我用尽了一切可能的方法来挽救我的生活！”

这时咨询师会回答：“真棒，你果然是一个坚强勇敢的人！”

听完这句话，来访者会感觉咨询师非常理解他，他会觉得咨询师很厉害。在往后的治疗中，咨询师就可以利用这种晕轮效应把来访者带向积极的一面。

但是，来访者的回答不是上述那样怎么办？比如他说：“我没有做什么改变，我很痛苦，但是我不知道该怎么办。”

这时咨询师应该回答：“在决定改变之前，你可能需要一点时间去调整心情，这样的决定才更理理性！”

假如对方比较淡定地回答："其实我也没做什么，这些事我已经想开了，看淡了！"

此时咨询师就应该这样说："这我就放心了！"

生活中，我们善用积极关注技术，能给同伴一种被理解、被认可和被关注的感觉，他在走出困境的过程中一定会收获很多，当他们成功走出困境的时候，他一定会在心里感激你对他的支持。

实际上，我们每个人都有积极和消极的一面，这是一种最基本的预设矛盾，积极关注可以算是一种特殊的、对人有很大帮助的例行话题。

以上只是冷读术里的基础性的知识。如果你想获取更多知识，可阅读一些更加专业的心理学书籍。**但愿通过对这些心理学沟通技术的应用，能让我们这个日渐冷漠的生活多一点温暖和幽默，少一点怀疑和批判。**

三个心理学语言技巧，让你迅速提高情商

曾经有一些看上去非常“成熟”“稳重”的人嘱咐过我：“长大了就不要再说真话了，真话会伤人，尽量不要与人发生冲突，要时刻面带笑容，永远表现自己快乐的一面。”

但我要告诉大家，虚伪的笑会伤害自己。

我身边很少有人是十分豪放和直白的。网络上总有人认为，沉默才是对抗冲突的最好方式。两个人闹矛盾，发生口舌之争是一种愚蠢。

严格地说，我们完全可以防御来自他人的言语攻击。尽管那些话很伤人，但我们却不一定会受伤。

比起言语冲突，沉默才是最伤人的，它更像是慢性毒药。回避对方，拒绝与对方沟通，是对对方采取的一种惩罚。用沉默来应付讨厌的电话诈骗和烦人的同事，这种方式无疑是管用的。但你与自己在乎的人进行冷战是解决不了任何问题的，反而会让矛盾在彼此

心中激化，让自己感到更痛苦。其实大家能够意识到这种处理矛盾的方式是错误的，只是没有勇气去纠正。

有些父母也常用沉默的表达去逼婚：把孩子的被单换为大红色，被子准备两个，把结婚戒指放在最显眼的位置。用这样的方式来逼婚，套路真的很深啊，其实他们完全不用那么煞费苦心。

下面介绍三个语言技巧帮助你提高情商：

巧用“三明治技术”对抗集体极化

因为一件事，你需要征求群体意见，但通过群体讨论得出的结论可能会更冒险、更极端、更不近人情，这就是所谓的集体极化。

20世纪50年代末和60年代初，有两位心理学家分别发现了这一事实。尽管两位心理学家的研究方法不同，但得出的结论却是相同的：群体决定比个人决定更冒险、更激进。**由于集体极化，我们的意志常常遭到现实社会的践踏**。

在生活中，集体极化对于我们的判断是一个不小的威胁。逼婚就是一个典型的例子。

其实你父母又何尝不明白你的现状和选择呢，可一旦把这个本该由你来决定的事摊到了七大姑、八大姨面前一起讨论，“你是否应该结婚”这个问题就很容易得出“你必须立刻结婚，闪电结婚”的结论。你父母仅存的那点理性会立即消失，转而开始支持亲戚。

遇到这样的事，“三明治技术”就非常有用，**你在向人表达一个负面的反馈之前，先说一些积极正面的信息。结束的时候，再加上同样积极的意见来中和一下你们之间的分歧。**

不要把你的批评变成直接攻击，如：“你们烦不烦，不要一天到晚地逼婚行吗？我的事不要你们管！”你越是这样说就越会激起父母的控制欲。他们不但不会停止对你的逼婚，还会变本加厉地拿大道理来压你，最后很可能会引发争吵甚至是家庭暴力。

其实你只需要这么说：“爸妈我知道你们是为我着想，希望我尽早组建自己的家庭。不过你们确定我现在结婚一定有好结果吗？你们是否了解那些早结婚的人的现状？如果我能更谨慎地做这个决定，这个婚姻可能会更牢固。”

准确地掌握了“先甜后苦再甜”这个谈话技巧之后，我们能避免很多不该发生的矛盾。比如我们校长就会跟我说：“周老师啊，你在网络上写的文章很不错，我转载了。但你也不要把科研论文落下，在大学这个环境中，尝试不同的文风才能在专业上有更大的进步！”

姜还是老的辣，他知道我对专业研究很执着，他这样对我说，我肯定当场就会答应他："我今年一定要把科研论文写好。"这便是运用"三明治技术"沟通后的效果。

上述道理我们都懂，只是真正遇到事情时我们往往会被感情冲昏了头脑。

尝试用"升华法"来对抗非此即彼的不合理提问

经常被问到一些非此即彼的问题，让我不知所措。比如："先有鸡还是先有蛋？""你妈和你女朋友同时落进水里，你会先救谁？""挖掘机技术到底哪家强？"

一位女读者在公众号上对我说，她明天就要去见相亲对象的父母了，男方在微信里和她说："我父母生我是晚育，所以他们的年龄比同龄人的父母要大很多，你介意吗？"

本来这不算是什么事，她有一点介意，但影响也不是太大。可男方这样问她，无论她怎么回答都可能引起对方的芥蒂。假如她回答"介意"，男方肯定会有很大想法；回答"不介意"呢，那又很违心。她感到非常为难。

这时就需要使用"升华法"来解决这个无语的问题。

女方可以这么回答男方："赡养父母是天经地义的事，是否会影响我们的生活就要看你愿不愿意帮我分担压力了。”

“升华法”的关键就在于，跳出这个非此即彼的问题，将问题升华到一个更高的层面上来讨论，最后把问题的选择权丢给问题提出者，化被动为主动。

如果有一天学生过来问你：“先有鸡还是先有蛋？”

你可以这样回答：“这是一个哲学价值取向的问题，看你是有科学主义取向还是有宗教主义取向。”

如果女朋友这样问你：“当我和你母亲同时掉进水里时，你先救谁？”

你可以回答她：“这是一个情感选择的问题。如果我救了你，你是否愿意赡养我的爸爸和孩子，一辈子不改嫁，并且每天来监狱给我送饭？”

如果有“逗比”问你：“挖掘机技术到底哪家强？”

你可以回答他：“这要看你是否在乎学历和别人的目光。”

你可以直接表达你的想法，即使会遭到别人的反对。只要你是出于好心，想给对方有建设性的帮助，给别人诚实的反馈是没有问题的，也是有必要的。为了帮助别人，有时候说一些逆耳的忠言也是有必要的，但要帮助对方从更高的层面来进一步思考问题。

做一个好的拒绝者，善用“接受协商法”

遇到令你为难的事，并不是越早拒绝越好，也不是越巧妙地拒绝越好，而是越能让人感到心理平衡越好。所谓平衡，不是利益的平衡，而是情感的平衡。没有情感卷入的问题只需要看利益的得失。但是我们中国人偏偏喜欢把所有问题都捆绑上情感。在这种情况下，面对别人的请求，你是接受还是拒绝，取决于你是否愿意向对方付出情感。

事实上，我们总是无法拒绝别人的请求，因为潜意识中渴望和对方建立情感连接。然而经历过一次次的背叛之后，我们再面对请求时会条件反射般地拒绝。

面对那些不能给你足够的情感反馈的人，及时拒绝他就好。不用太考虑方式、方法。因为有些人就是没有感恩这个概念，无论你多么看重他的感受，他都不会对你有情感反馈。

当你遇到以下几种情况时，直接拒绝就行，因为你不可能从中得到任何的情感反馈！

有一天，心系“白富美”的男神失恋了，需要你去安慰他，请你果断拒绝。你去了必然会成为“千斤顶”（连备胎都没当成，就在换胎时被用了一下）。

向来自私的同事要你帮他一个小忙，你大可不帮。帮助自私的人会有个麻烦，你帮他一百次，有一次没帮，他就会把你当成永世仇敌。

对于亲人和你在乎的人，还是尽量给些肯定的评价吧。说太多“不”的话，再爱你的人也会有受不了你的时候。你等于是亲手关上了通往幸福的大门。

以下情况你可以考虑接受，因为有可能会收到情感奖励。

“来吃个饭吧，XX带了很多帅哥来哦！”——可能让你认识新朋友。

“你能出席我在学校的演唱会吗？”——可能让你收获快乐。

“帮我查查这篇文章的资料，算我们共同发表的！”——可能让你拥有伙伴。

但我们的时间和精力毕竟是有限的，有时候我们连亲人的要求都很难去实现。**那我们就需要使用“接受协商法”来拒绝他们。你可以表示你愿意帮助他，然后列举你面临的困难，之后再征求对方的意见。**

如果你在乎的人问你："你可以帮我一个忙吗？"你应该试着这样回答他："当然可以啦，什么事？"直接就拒绝的话太容易伤害彼此的感情。如果对方提出的要求有点无理，或者你不太方便帮忙，你可以和他再协商。如："我很愿意帮你做完这个文案，但是我五点半以后才下班，回到家我需要回家做一顿好吃的给父母，我大概七点那会儿才有时间，还来得及吗？"

事实上，比起那些立即找借口拒绝我的人，那些先说了可以，之后再拒绝我的人，我心里还是有那么点喜欢他们的。

面对不合理的问题和请求，我们不能一味地保持沉默，更不能生闷气，拒绝沟通。沉默会加重自己与亲人之间的隔阂，生闷气更是一种自卑的信号。如果我们能巧用上面的三个心理学技巧，我们会让自己的人际交往更加如鱼得水。

真正的情商高手，用聆听征服世界

1

“老师，当别人向我抱怨时，我到底该怎么说才可以消除他人的愤怒，从而解决问题呢？”有一天，玲姑娘问我。

“傻姑娘，消除矛盾最好的方法不是用嘴巴，而是用耳朵。”

玲姑娘是一个刚毕业的名校大学生，在一家大企业的售后部门任职。由于她处理不好顾客的投诉，很多顾客都把脾气发在她身上。经理对她很不满意，多次暗示要让她卷铺盖走人。

“老师，我不懂。我用耳朵认真听了啊，我甚至记下了顾客说的所有要点。”玲姑娘打开了本子，我看到上面记着满满的字，看得出她并不是那种霸道又推卸责任的业务员。

“姑娘，你那叫听见，不叫聆听。这二者的侧重点不同，前者更关注对方说的内容，后者更注重对方的情感。”我接着回答她。

玲姑娘在大公司实习，用夜以继日的努力换来的是饭碗就快被砸掉了，她的痛苦我理解。我决定破例去她公司走一趟，亲自帮助她解决问题。

第一个投诉电话打进来了，玲接起了电话。

“你们公司真是一个垃圾公司，我新买的手机一个月就报废了。如果你们不立马给老子退款，老子就让你们吃不了兜着走。”投诉者态度很恶劣。

玲很拼命地解释，看得出她对公司的产品很了解。她嘴上不停地道歉，态度很卑微，但对方并不领情，火气反倒越来越大。最后对方说了一堆脏话，然后就挂断了电话。

看着泪眼汪汪的玲，我告诉她：

人生下来有两只耳朵，却只有一张嘴，目的就在于，我们要先听再说。不少失之交臂的朋友，甚至各奔东西的恋人，都是因我们不会聆听而离开的。

所以面对顾客的指责，玲姑娘应该先这么说：

“您的问题我听清楚了，您在我们公司新买的手机不到一个月就出问题了。这给您带来了很大的困扰，因此您对我们公司有很大的意见，需要我们退款，是吗？”

上述回答很好地使用了聆听技巧中的释义。**所谓释义就是把对**

方说过的内容，先用我们自己的话概述一遍，让对方觉得自己被理解了，这个过程就极大地消除了对方的愤怒。

释义还有一个好处就是可以削弱对方话语中过激的情绪，从而帮助你和他达成共识。

玲姑娘的错误就在于，她只记住了对方说话的内容，而忽略了对方的情感，因此她总是急于去解释问题而不是去安抚顾客。解释无异于是火上浇油，增加对方的心理防卫。

我们似乎有太多的话要说，却无人倾听。越是不思考的人，就越不愿倾听别人说话。我们总感觉自己不被人理解，所以每次都想拼命地说服别人。

大多数人喜欢把自己人际交往的失败归结于嘴笨，似乎只要伶牙俐齿就能在人群中脱颖而出了。实际上，一个不会聆听的人，很难把话说好。在“倾听”这门功课上，太多人没有及格。

倚楼聆听细雨滴，莫待花落才知惜。

2

所有人际交往上的技巧都和聆听能力相关，甚至从某种程度上来说，判断一个心理咨询师是否成熟，就看他是否会聆听。

是否会聆听是一个人最高魅力的体现。

小 A 和我说，他喜欢一个姑娘，可这个姑娘却痴迷于一个男明星，对他很冷淡。最近那位男明星的一些绯闻让姑娘很伤心，他很愤怒，也很为姑娘担心，不知道自己该不该提醒她。

假如是你，你会怎么说？

你可能会告诉他：“不就是个绯闻吗？多大点事儿啊！你有点大惊小怪了。”

假如你这么说，小 A 内心肯定会不高兴，因为你在用你的价值观否定他。

很显然这句话是你根据自己的主观判断来说的。**如果你习惯把别人看来很重要的事看轻，那你一定没法在别人心中重要起来了。**

所以，如果你喜欢劝别人“看淡点”，他是没有办法通过你这句话消除内心的痛苦的，他会选择把你“看淡点”，免得你看不起他。

其实你知道，我们与曾经的好朋友就是这么渐行渐远的。在“看淡点”的观念里，什么都可以被看淡，比如友情，比如人心。

假如你对小 A 说：“是啊，真的很危险，我觉得你应该提醒一下那个女生，这个男星真不是个东西。”

很遗憾，你同样会得罪小A。假如他真去提醒姑娘了，那他只会被心爱的姑娘嫌弃。他反而离幸福更远了，并且很可能会迁怒于你。

那么我们如何回答小A呢？

如果我们不是那么急于对男星的绯闻做价值判断，不是那么急于把自己的观点表现出来，我们就会感受到，**小A真正在意的是，心爱的姑娘和他很疏远**。

因此我们只需要从这一点出发就行了。

“小A，我看得出来你是一个很认真的人。你喜欢的姑娘不理你，却喜欢一个看起来道德不是很高尚的男星，这让你感到痛苦，对吗？”

当我们把话题转向小A与那位姑娘的关系时，我们便更能引导小A思考如何把这段关系往深层次发展，我们的回答不仅不违背自己的意愿，还能对小A有一个强有力的支持。

能够耐心倾听别人心声的人是值得信赖的。

3

为何你那么想帮助别人，却换不来珍贵的友情；你对别人倾囊相授，别人却嗤之以鼻？

因为你的建议封住了别人的嘴，自然也就封住了别人的心。

周国平说："我唯愿保持住一份生命的本色，一份能够安静聆听别的生命，也使别的生命愿意安静聆听的纯真，此中的快乐远非浮华功名可比。"

别把朋友们想得太白痴，有时候你的实际建议不一定能帮助到他，但你的心理支持却能办到。还是那句话，**我们帮助别人让别人更好地帮助他自己。**

如果有人聆听你，不对你评头论足，不替你担惊受怕，也不想改变你，这多美好啊……每当我们得到人们的聆听和理解时，我们就可以用新的眼光看看世界，并继续前进。

一旦有人聆听，看起来无法解决的问题就有了解决的办法，千头万绪的思路也会变得清晰起来。因为只要有你在，我就会努力啊。

别担心自己会孤独，你不知道，孤独本身，也是对自己的一种聆听。所以，你说，我听。这是你给我的咏叹调，也是我给你的镇魂曲。

CHAPTER / 03

你看起来很厉害，所以一事无成

“努力感”才是扼杀你成功的元凶。

你还要被你的“努力感”欺骗多久

1

有一次，我站在夜空下，望向光芒万丈的至高之神。

我说：“神啊，我是那么努力啊，可你为什么不赐予我幸福？”

“是的，你相当努力！”神的声音从王座之巅传来。

“可这与你的幸福到底有什么关系呢？”神不耐烦地回答我。

当然，这些都是我的想象。回到现实，我们再来讨论一下这些问题。

是的，努力与幸福之间的确没有关系。我花了太长时间，走了太多的弯路，才终于在人生还来得及转变的时候猛然察觉到**“我觉得自己很努力”只是我对自己的一种幻想，是我给自己设的局。我就这样被“努力感”一步一步带向痛苦。**

“努力才能走向成功”是鸡汤文的经典句式，然而我要说的是，你的“**努力感”才是扼杀你成功的元凶**。看到这里，恐怕会有很多“努力”的奴隶们已经开始向我丢砖了吧！

真正渴望成功的人，请让我耐心地说完。

这几乎是我反鸡汤事业中最重要的一个环节，我下了很大决心才写下这些文字。我想告诉大家，心理学是一个可爱又友善的女孩，她不会逼你走向任何偏执的极端。**我们当中有很多人打着努力的旗号却干尽了毁灭自己的蠢事**。

在偷懒这件事上每个人都是“心机婊”。

青青女神就是这样一个“努力感”爆棚的人，为了能让自己在三十岁之前解决掉个人问题，她整天足不出户地学习、奋斗。为了完成毕业论文，她还为自己制定了一个“努力清单”：

1.两个月坚持不刷微博

2.每天早上起来晨跑

3.节食减肥（其实她不胖，身材也不错）

4.理性消费，暂时不买衣服

然而两个月后的结果如何呢？

我感觉她上微博的频率比两个月前还高；跑步这方面她表现得不错，坚持了一周，不过休息用了一个月；饭倒是吃得少了，但由于吃了太多的薯片，脸上又长了痘痘。唯一有进步的地方就是她的穿得更漂亮了。

毕业论文呢？当然没有完成。她在朋友圈里这么写：废寝忘食的感觉真好！

我在下面评论：**你还要被你的“努力感”欺骗多久？**

很多人像她这样制订了计划，最后都没有达成目标。所有的心血功亏一篑不说，要想再下决心去努力就更难了。

作为青青女神为数不多的有勇气对她实话实说的朋友，我试着提醒她：**如果你的努力一直没有什么结果，那就说明你努力的方式不对。**

“至少我曾努力过！即便我实现不了心理预期的目标，我也不会感到后悔啊！”

我身边像青青女神这样的人很多。他们早就在现实中身陷泥潭，却仍然在自我感动这条路上义无反顾地努力着。这样的“努力感”是一种错觉，人是不可能完全客观地评估自己所做的事情的。你的努力确实可以让你无怨无悔，但这并不代表你就可以以此为傲。

我经常想起抗战影片里的日本军官，一旦战斗失败他们就切腹自尽，以证明自己的确努力过了。我很不理解，切了腹就能挽回失败的结局吗？

真正的勇者应该是在这个绝望的世界里优雅地活着。

“努力感”对我们的人生造成的最大的破坏就在于，**你有多少“努力感”就有多少“享受感”**。**只不过，努力可能是假的，而享受却是大大真实的**。

青青女神强迫自己不要出去玩，花了一个下午时间来写论文，最终成果是一篇两千字的论文。她感到非常满足，此时巨大的“努力感”会需要她进行更多的享受来奖励她的努力。

“我都这么努力了，就让我稍微放松一下吧！”青青女神当时一定是这么想的。

于是，她出去玩了一整天，用这段娱乐的时间来奖励自己，又花了一整天的时间去调整心情，第三天才能开始继续奋斗。

假如青青姑娘愿意多了解一下我，她会发现我是怎样努力的。我平均每天写两千多字的文章，三天后我把六千字整合在一起，删除废话后精炼成一篇三千字的文章，最后才发表在阅读平台上。

一个月后，我已经写了四万多字，比起青青女神那篇难以评估出成绩的毕业论文，我的文章已经有了几百万的阅读量，赢得了数千个粉丝的关注。

如果你问我为什么我要这么努力，我会回答你：“我根本没有在努力，我之所以这么做，只是因为我乐意。在我的反鸡汤事业中，我感到快乐。我不因努力而骄傲，不因打游戏而愧疚。

如果你中毒至深，那么还有一种叫“忏悔感”的东西会在你获得“享受感”后继续折磨你。一个努力的小天使和一个爱享受的小恶魔在脑海里打来打去，一直打到你筋疲力尽。到那时你才意识到，现在不是你犹犹豫豫的时候，而是该去做事的时候。

一个真正努力的人，是不会有“努力感”的，他会按照自己的节奏把所有的事情都做完，当他有一天突然回过头来审视自己时，发现自己早已硕果累累。简单地说，真正有价值的努力，是把一切行为都自动化。

一个高手能把众多在你看来很麻烦的事一并处理，就好像某些男神在吃饭时顺便撩了个妹一样轻松。

2

弗洛伊德的精神分析理论认为，人有创造和毁灭两种本能的冲动。两者相辅相成，你越迫切地让自己努力，也就越容易变得堕落。

所谓，越努力，越不幸，就是这个道理。上帝越是要求亚当和夏娃要有美德、要自制，就会引得亚当和夏娃走向禁忌。

当你把你的“努力感”定义为善时，那个名为“懒惰”的恶便接踵而来。事实上，我们多出的那一分“努力感”，经常需要十分的懒惰才能抵消。

意志力等于十倍的抑制力，“努力感”是多么坑人啊！

如何正确地努力，把努力变为自动化的进程，消除“努力感”的欺骗呢？下面三个行为能帮助你：

消除努力的神圣感和娱乐的罪恶感

首先，你需要把“努力是美德，娱乐是罪恶”这个错误的观念永远请出大脑。**不要小看了适当的娱乐，它对你有很有益，它能让你有更高的专注力。**适当地“浪费”些时间给自己打打气，避免工作带给你的压力和倦怠。时不时地让自己“游手好闲”一下，可以让你保持清醒，迅速分辨出工作的主次。

在我文思枯竭时，我会一个人静坐，打一会儿《英雄联盟》，甚至在家人面前舞我的宝剑“渊虹”。虽然在外人看来这有点滑稽，但这样做对缓解压力非常有效。

适当地娱乐无须自责，你会意识到工作和快乐两手抓会在工作上有更多、更大的产出。**娱乐，也是一种努力。**

千万不要招惹自己的前扣带皮层

你的前扣带皮层在大脑的分管区域里是负责掌管你的意志力的。你应该了解它的工作原理，然后慢慢地适应并提高它的工作效率。那些在工作中不容易感受到疲劳的人，都是懂得在前扣带皮层刚要达到极限时便分散注意、自动休息的人。

要怎么检测自己的极限呢？

一般从工作开始到第一个哈欠的时间就是你的极限了，这时你便要放下工作去休息了。游戏和快乐可以给前扣带皮层再次“充电”，使你的注意力更集中，工作效率更高。一般人都会在工作两个小时以后开始停下手里的工作去休息，休息时间大约在十到十五分钟。世界上只有很少的人可以连续几个小时保持高度集中的注意力。实际上，与每小时休息十分钟的人相比，那些连续八个小时都扑在工作上不休息的人工作产出要少很多。

要努力而不是蛮力

如果方向错了，奔跑得再快也没用。如果你的努力总是让你撞墙，你就需要改变努力的方式。这个世界到处都是无形的墙，会把你碰得头破血流，但这堵看似不破的墙上，其实有一扇无形的门。要通过这扇无形的门你需要使用一点技巧。

在生活的道路上，你并不需要把自己标榜为一个有“努力感”的圣人，**当你的“努力感”已经爆棚，却依旧得不到收获时，你的反意志力就会开始把你拖入毁灭性的深渊。**

当你的“努力感”让你觉得这个世界亏欠了你时，你不仅会自毁，还会拉上这个世界给你陪葬。

在人生这场马拉松比赛里，你不必时刻为自己加油，制造出一种正在努力的假象来安慰自己，毕竟这不是一个靠速度取胜的游戏。你不必再关注那些XX天就取得杰出成绩的人，他们的生活与你无关。因为这条路必须你亲自走，人生这场剧也必须你亲自谢幕。

你只需要静静地走下去，在黑暗和孤独中走下去。也许，很多年以后，你只要回忆起这段时光就会觉得辛苦……那曾经是你最难以忍耐的旅程。为了走上这条路，你好像经过了一段很长的隧道一样……不过，这些已经无所谓了。人生是一条不归路，不论你愿不愿意，你都要坚持地走下去。

没有人希望自己的人生一败涂地，所以，人们会把坚持向前这件事持续到生命终结的那一天。

熬夜不是你想努力，而是你不肯原谅自己

1

最近网络上有很多文章都在说熬夜伤身，我的学生小婷看过之后感到非常害怕，决定把手机这个导致她熬夜的罪魁祸首给戒掉。她还加入了一个意志训练营，要断网一周以调整自己的作息时间。

她虽然坚持下来了，可没有手机的晚上，她感到极其难熬。每晚她都会被一种巨大的空虚感所吞没，所以入睡时间并没有提前。

她问我，为什么她已经凭借意志戒掉了手机，可还是睡不着。

我告诉她，熬夜都是假装快乐，手机只是一个替代品！你一边玩着手机，一边期待着喜欢的人能突然给你发来消息。关键是，就算你戒掉了手机，你喜欢的人也不会找你。

手机在某种程度上起到了安慰的作用，它让你转移注意力，让正在受空虚所折磨的你找到了一点寄托。

身体肥胖的人，别人越是说他胖，他就越容易变胖。同样的道理，熬夜的人越是责怪自己，就越容易熬夜。人的潜意识中往往藏着一些深层的逻辑，这些逻辑是很难被察觉的。**越是责怪自己熬夜，越是容易在内心深处形成这样的暗示：既然改不了，不如就这样了。**

口号一开始对人是有鼓励作用的，但是喊多了，自己就会明白那只是一句口号而已。

人的深层意识里还有一种东西叫作“意义感”，心理学家罗伯特☒凯恩说：“人生作为一种活动本身，就是创造意义的活动。建构“意义感”这件事不仅是我们的生物本能，甚至可以等同于生命活动的全部。”

你熬夜是因为你今天没有找到“意义感”，内心会有一个声音告诉你：“没完成工作，还不能睡觉。”你今天没有半点进步，在经验和阅历上没有任何提升，你的潜意识在惩罚你。

你每天都要完成一大堆报告，其实你心里清楚那些根本就没人看，那个挑剔的主管，无非是想用那些细枝末节的东西来折磨你。就算你把报告写得再好，老板也不会因此给你升职加薪。

也许你意识到了，这样的生活是没有意义的，活着比死了还难受。

徐凯文教授说得好：缺少“意义感”是这个时代的通病。如果我们只能按照别人的逻辑过完这一生，那我们宁愿选择去死。

2

我也曾感到迷茫，沉迷在网络游戏里无法自拔。当我摆脱网瘾，走上人生正轨时，我发现了一个问题：在游戏里，我们为了一个虚拟的坐骑，可以忍受吃泡面、睡沙发的生活，并且还会充满激情，日夜奋战。可一回到现实，我们就变得百般颓废，瞬间就会被空虚和寂寞打败。

后来我明白了，原因在于：网络世界的自由度很高，你可以通过自己的能力去探索，直到你找到一种属于自己的升级方案。所以，你在游戏里所做的一切都紧密围绕着你心中最想要实现的目标，这样做能尽快让你见到想要的成果。

有一段时间，《魔兽世界》出现了在线率大幅度下滑的现象，游戏制作者最终提出了这样一套解决方案：在游戏中加入“日常任务”，模拟生活现场。这种“日常任务”通常都很简单，很容易完成，完成后会有确定的回报，回报价值还会比你的预期价值略高，所以大家管这叫“小确幸”。之后，游戏制作者又在里面加入了很多“成就系统”，例如：BOSS、职业大厅等玩法。让这款已经持续火爆二十年的游戏再创在线率新高。

我受到了启发，忽然想到，如果我们模仿游戏的做法，往自己的人生中加入类似于游戏中的“日常任务”和“成就系统”，那不就可以让我们的生活永葆生机了吗？

于是，我开始尝试模仿游戏里的做法。

有段时间，我每天都在知乎上回答问题，有时候因为太忙，没有时间系统地去写答案，所以就写段子以示回答。一开始无人问津，后来看了某些大神的答案，我渐渐地掌握到要点，写的文章越来越受关注。

我从一个“小V”渐渐变成了“大V”，以至于招来了抨击我的人。虽然这些都时刻影响着我的情绪，可我发现让我深受折磨的晚睡强迫症竟然痊愈了。我现在即使不再时刻盯着手机，也能得到外界的有效回应了。

其实并不是在知乎发布答案这个动作让我产生了“意义感”，而是别人的积极回应让我体验到自己的存在是真实的。自己发出的信号得到了别人的有效回应，顿时有一种被确定感。从这个层面来说，没有互动的关系，必有一方是缺乏存在感的。

有人天天说要坚持锻炼，坚持阅读，到最后根本坚持不下来，就是因为缺乏回应。很多人用手机软件记录跑步的步数，甚至用路线作画，这些都是在给自己创造一种回应。**别总是劝自己注重长远利益，短平快的小目标积累下来，那才是真正的长远。**

有人问我，每天在微信里交朋友行吗？我说，这样不好。不要把你这辈子最灿烂的笑容都奉献给手机屏幕。你为什么不去咖啡厅与人现场搭讪？尤其是和异性搭讪，最容易聊得起来。你是不是害怕被拒绝？害怕别人看不起你？害怕自己嘴笨？

等你真正去尝试了，就会发现，你担心的事根本不会发生。

有没有交到朋友不重要，每天减少一点无聊的自我限制才最重要。

3

《魔兽世界》里还有一种玩法，我把它命名为“紧急任务”，游戏里有一大群人本来是无所事事的，突然看到系统公告“XXX地方出现了世界BOSS，大家快去讨伐”。

紧急任务一般都是难以预料的，但完成任务后的奖励是特别丰厚的。

每次紧急事件的发生，都会对你的身体和精神进行一种微调。**首先，完成紧急任务的成就感会帮你打破因为惰性而产生的自我束缚；其次，它可以让你第一时间去参与竞争，可以让你迅速地精神起来。**

我们在现实生活中也经常遇到紧急任务，比如教育厅征文，突然危机干预，女神遇到麻烦等。但紧急任务不能过多，你得了解自己大概多久能承担一次。你经常接到单位要求加班的紧急通知，心里肯定会有一番衡量，这样的任务从根本上是否有意义，是否有足够的报酬值得你集中精力去解决。

4

我一直认为，**最笨的人用意志去做事，聪明人用习惯去做事，**而高手是成体系地去做事。后面的两种做事方式，对人的精神消耗是最小的。我们常常感到时间紧迫，事情多得忙不过来，其实我们并不是时间不够用，而是心理能量不足。

用游戏上的话来说，你必须清晰地了解自己的各项数值，才有可能高效稳定地提升等级。现实生活不比虚拟世界，不存在一个清晰的“血条”和“精力槽”，我们只能想办法去模仿这种机制。

很多人直到三十岁都没找到过自己的“日常任务”和“紧急任务”，生活茫然又乏味。比如在《地球online》这款网游中，你需要自己去寻找最适合你的升级方案，然后建立起这个机制。

所谓时间管理，并不是指单纯的时间分配，而是基于对事件的分类，构建出高效的任务分配系统。

当你每天都能体会到自己正在前进时，你心中那个不甘平庸的自己才会安心地放你去睡觉。那个自己很宽容，只要你完成一点小事，他就会感到满足，但你无论如何都骗不了他。

那么美好的梦想，
为何要用愚蠢的坚持毁掉

我遇到过一个少年，他每天都要穿着新鞋向远方奔跑，因为远方有个美丽的姑娘在等着他。有一天，暴雨狂作，他一不留神就被路边的石头绊倒了。我扶起他，擦净了他夹杂着泪水和泥水的脸庞，轻轻地对他说：

“暂时忘了姑娘吧，就在这里，对着这雨后的彩虹，把你的爱唱出来！”

到底还有多少人不知道，努力需要的并不是激情，更不是悲壮，而是一种深不见底的孤独。

小Y君是一名写手，我们是在写作交流群里认识的。他有一点最让我佩服，每天无论有多忙，都能坚持更新公众号里的文章。而我大概三天才能写出一篇。如果忙起来的话，我可能还要更慢。

小Y君告诉我们，只要他三百六十五天每天都坚持写作，将来一定会成为像韩寒、郭敬明一样的青春文学领袖。我对他抱有很大期待。

然而，小Y君在实施写作计划时却非常不顺，他投稿给网络平台的文章几乎篇篇被编辑拒收，即便有几篇被接收了，发出来后的阅读量也非常低。他已经坚持更新了二十多天，可作品仍然没上过主页。

他告诉我，有没有人看不重要，他会继续坚持下去直到永远。他在群里还说过一句话，我一直记忆犹新，他说："再美好的梦想，也顶不住傻子般的坚持。"

持续更新五十多天以后，小Y君停止更新了。一连十多天，他的写作栏里都空荡荡的。我用微信联系他，他过了很长时间才回我："累了，不想再继续了！"

"你当年的写作决心去哪儿了？你不是要成为韩寒那样的人吗？"我很生气，我是那么看好他。

"某大神说，超过十万阅读量的文章是聪明人写出来给蠢人看的，我不想在这个只有傻子才信的游戏里坚持下去了。"小Y君回答我。

"多少美好的梦想，恰恰毁在这愚蠢的坚持上！"这条是我最后给小Y君的信息，之后他再也没有回复我。

小Y君的文章虽然很有思想，但有两个问题是他一直没有察觉的。首先，他的文章都是从他自身的经验出发，网络读者并不感兴趣。在这个碎片化阅读的时代，网络读者更希望找到与他们自身经验相关的东西。作者需要学会与读者有互动的过程，内容要与读者有联系，形成一种沟通。其次，小Y君的内容太杂，让人读起来很费劲。其实他只需要在一篇文章里贯彻一个思想就行，文章的主要脉络不需要有太多的分支。可小Y君从来没有停下来思考过这些问题，他一门心思地坚持着他的写法，从没打算改变。

请停止这样无效的努力，它终有一天会把你的意志榨干。有多美好的梦想，就有多高的期待，期望越高，失望也就越大。**你凝聚起再多的意志去进行所谓“傻子般的坚持”，最后也都会败给期望。**

期望到底有多可怕？举个例子。

小Y君虽然多次强调，他的文章不需要阅读量，但他的内心是希望自己的作品得到大家认可的。他越是强迫自己放弃只为阅读量而坚持的写作，就越是期望下一篇作品在网络平台上火起来，当下一篇文章还是被拒稿时，他的意志就会走向崩溃。就像你在夜里失眠时，越是强迫自己睡觉，越是满脑子胡思乱想；你上台演讲时，越是告诉自己不要紧张，越是容易忘词。

脑认知科学告诉我们，在这种恶性循环下，大脑会自动开启一套认知体系来停止自我损耗，以避免人格崩溃。

这套哲学体系是“正确”的，因为它需要让大脑中支配动机的那部分区域停止工作，而又不影响人格完整。通俗地说就是让你有面子地放弃坚持。

小Y君上面的“大神理论”就是这样的哲学体系。“大神理论”也许是有道理甚至是智慧的，但绝不是用来给你当作放弃的理由的。

我身边像小Y君这样的人不少，他们各自都有自己的“大神理论”。

A博士经历过很多次恋爱最后都失败了，他不会使用语言技巧来恋爱，向来只会用蛮力去表白，平时总是不修边幅的。经历过一次次的心碎之后，他决定放弃爱情，专心搞科研，因为“女人都是拜金的，只有知识才是最有价值的”。

柚子姑娘上班总是无精打采，因为每天晚上她都忍不住要看两集韩剧再去睡觉。她给自己制定了一系列严格的规定，科学地设定了作息时间表。可是只要到了晚上，她就忍不住打开电脑去看宋仲基。她知道这样不好，可是没有办法啊，因为对于现代都市女性来说“帅就是真理”！

C君在微博上给我留言，整整一年他都在努力考研。但愿望太过强烈，让自己看到任何娱乐活动都有罪恶感，甚至夸张到愿意用命去交换一纸通知书。最终他考研失败了。

当他打算再次为考研而战的时候，却发现自己早已没有了当初那种“不到黄河不死心”的热情。只要他集中精力地去看书，考研失败的阴影就会悄然袭来。还有人告诉他：“考研有什么意思，现在学历在贬值，只有工作才是王道！”

我身边有很多这样的人，他们乐此不疲地在愚蠢的坚持中越陷越深，而且是一边后悔一边努力。他们却从来不花精力去提高努力的质量，只是拼命地提高努力的数量。一旦他们达不到自己心中的期望值，就开始责怪自己自制力太差。

努力是需要注入灵魂燃料的。一篇阅读量很高的文章能够增加作者的信心，提高写作热情，从而把写作这件事坚持下去。如果你的阅读量一直上不去，你需要停下来好好地思考一下，自己的文字到底出了什么问题。

成功是需要长久地坚持，但这种坚持是在方法合适，方向正确的前提下。而错误的观念却告诉你，只要努力就会成功。正是这种观念导致了你把所有的精力都消耗在了错误的坚持上。面对实力强劲的敌人，过早地决战会让后面的努力难以为继。

努力是一件循序渐进的事，而不是一蹴而就。你把大量的精力都用在了错误的坚持上，脑海里各种喊停的声音就会不断涌现。这时候你需要停下来研究一下，接下来你该如何正确地开始这场持久战。

对于美好的梦想，我们不需要愚蠢的坚持，这种坚持只是一种自我感动。这种自我感动很难让我们有长久地坚持，我们需要智慧的坚持。

所有真正有用的努力都是发自内心的，是不需要靠意志来维持的。

但现在提倡“傻子般的坚持”的文章在网络上已经影响深远，因为这种观念非常容易被人接受，很多传销组织就喜欢用这种套路去给人洗脑。

比如：“马云为什么成功？因为他有着无比强大的意志力！”写这篇文章的作者一定没有好好看马云的自传。马云的成功来源于他对市场的准确把握和对互联网的高瞻远瞩。当年的马云口袋里只有几百美元，如果他当年没有及时去接触互联网，而是回国继续坚持他的英语翻译事业，那他一定不会有今天的成功，就算他有再大的意志力也不行。

这样的鸡汤文还有很多，涉及的名人从发明电话的贝尔到奥斯卡获奖的小李子，我无法一个个去辩驳。我相信这些名人最终能走向成功，一定是基于他对自己所在事业的热爱，而不只是依靠强大的意志力。

再举个简单的例子。

我上中学时，学校是封闭式管理。住校生平时不能出校园，门口有保安专门值班看守。我有一个朋友喜欢网络游戏，每天放学都要混在走读生的行列里趁机溜出校门。为此，他有更多的机会去上网，游戏等级远高于我。

我问他：“要是你出门时被保安拦住怎么办？”

他说：“被拦住就笑一笑转身回去，要是没被拦就淡定地走出去！而且我渐渐地掌握了保安的换班规律，甚至还伪造了一张走读生的门卡，关键时候我还可以冒充一下走读生。”

在此我们先不去讨论这种行为是否合乎道德，单从他做事的思维去说，我想这就是**“智慧的坚持”所需要具备的条件之一：灵活应变的能力**。他并不需要和保安打一架才能出门，比起那些花大力气翻墙而出的人，他真的智慧很多。这个人现在已经是身价千万的老板。

如果你把自己看作一支军队，你需要建立指挥部、后勤部、战略部和情报部，恰当地把你的努力当作兵力分布在合适的战场上，终有一天你会实现美好的梦想。

所有依靠意志去坚持的努力都是一种自我心理的失控，是在用战术上的勤奋来掩盖战略上的不足。

一个失控的自我是无法去实现梦想的。

你以为你很聪明

这是个“愚者”创造的世界，而“智者”享受其中。

世界上精于算计的人不少，可是真正成功的人却不多。因为精于算计的人都把感情的价值算到了最低。在这个“聪明人”遍地的世界里，执着这种东西显得很廉价，也很愚蠢。

大叔Q就是这样一位“聪明人”。

七年前我和大叔Q一起去应聘某中学心理老师的岗位。那年我还是个刚毕业的大学生，初出茅庐的帅气大男孩。而他已经是一个饱经风霜的中年大叔。

“小伙子，你期望一个月的工资是多少？”Q大叔笑着问我。

“三千五！”我举起三个指头。

“你简直是个蠢货！”Q大叔听完愤愤地说，“在昆明，月薪少于五千块根本活不下去！”

大叔没有骗我，在这个偌大的都市里，要养活自己，月薪五千元活着会很艰难。

但我笑了笑，没有回应他。

过一会儿，人事主任向我们走来，他对我说：“周老师，鉴于您的教学风格比较风趣，我们考虑聘用您，您期望的月薪是多少？”

“三千五！”我坚定地回答。

“您的要求太高了，学校无法支付，一个月只能给您两千五百元，当了班主任以后再给您加三百元！”人事主任对我说。

让我意想不到的是，正当我犹豫着要不要接受这份工作的时候，Q大叔竟然站了起来。

“学校可以考虑一下我吗？我当过八年的班主任！我可以一个月只要两千五百元，我当了班主任也不需要再加工资。”大叔不等我回答人事主任的话就抢先说道。他完全忘记了他对我说过的话，“一个月三千五是活不下去的”。

人事主任狡黠地笑着望向我说：“周老师，假如您也能接受两千五百元的月薪，我们可以优先录用您，不然我校会考虑录用您旁边这位老师！”

“谢谢您的好意！”说完我起身就离开了教室。

“现在的年轻人啊，总是学不会‘聪明’！”出门时，我听见人事主任说道。

我不知道我当时为什么选择了拒绝，也许轻易地降低自己的理想也是一种痛，很有可能会成为锥心刺骨的痛。

命运就是这样神奇，六年后我受邀去一所中学给新老师做心理健康教育的讲座，主持人介绍："这是来自XX高校的周老师，省里讲课比赛第一名……"这时我发现台下有一位老师癫狂了，当场走上台来找我。

没错，这就是当年的那位Q大叔。

我后来才知道，当年那所中学的确录用了大叔。可后面的事情却并不那么顺利。他的工资被一扣再扣，工作量却在不断增加，大叔终于忍无可忍，再次选择了跳槽。此后，他又经历了多次的辗转，才来到了现在请我办讲座的这所中学。

"周老师，不对啊，你不该是这样的！"

按照大叔内心所想，我这个愣头青，在那次面试失败之后应该是缩在家里一蹶不振，后来会被父母再次逼去应聘，接受更低的工资，最终像他一样在昆明痛苦地挣扎着，用力地呐喊却听不见一点回响。

可他发现事实完全有悖于他对我的料想，于是震惊了。

我曾经一事无成，现在也并不算成功，可这并不重要，重要的是我从不轻易地放弃自己的人生。因为人一旦走向堕落，就很难再积极起来。

有些人一直是大家眼中的“聪明人”，可最后却变得碌碌无为。从20岁到30岁，有太多的人选择了这样“聪明”地活着。

“你应该多看点书，多积累点教学经验，平时多写写文章。那次面试被淘汰之后，我做过很多种尝试，吃过很多苦，这才走到今天！”我委婉地劝慰着大叔。

“不可能，你要现实点，没有背景的人在这个社会是混不下去的！努力是没用的，能找到工作就不错了。所以，我们得学得聪明点。只可惜我不会像他们一样拍马屁。”大叔义愤填膺地对我说。

“现实点！没意思！没办法！”这样的心灵之毒总会在我们看不见的地方，一点一点地将我们的灵魂蚕食殆尽。

“没错，你身边的失败者就是这么告诉你的。这些看上去很聪明的人总是能找到方法来安慰失败的自己。他们很希望你能加入，很想把你拖进他们永远也解脱不了的泥潭。”我回应了大叔的话，毫不留情。

大叔不说话，表情狰狞，显得很痛苦。

“周老师，您现在的月薪有三千五百元吗？”大叔依旧伤感地问我。

我笑了，三千五百元对于我来说很容易，我做几次心理咨询就有了。可惜心理咨询这事太痛苦了，每次做完咨询，都感觉自己被掏空了一样，比起赚钱，我更喜欢享受生活。

“周老师，您才是真正的聪明。”大叔最后不得不服。

我就是这样，年轻时喜欢胡闹，谈不靠谱的恋爱，到处去讲课，有时还被骗。后来写没有人看的文章，拍没有人看的微电影，和一些被主流社会排斥的思想家交朋友，辅导一些被其他老师认为“没救”的孩子，偶尔也被“愤青”喷，不时也被坏人黑……在别人看来，我做这些很愚蠢，是作死。

没有人能明确地知道自己想过怎样的生活，但我非常清楚地知道我不要过行尸走肉般的生活。

有人得意地跟我说，自从他加了领导的微信，就天天在朋友圈里发信息说他工作很忙，忙得焦头烂额（实际上他很闲），领导很赏识他。他希望我学习他这种“智慧”。我拒绝了，这方法也许有用，但有这个时间我还不如多看点书，多提升一下自己。或者所谓的“领导赏识”，不过是领导看透了他的想法，然后陪他唱双簧而已。

有人告诉我，过年回家千万不要炫富，要哭穷，这样就可以少发红包了，也千万不要承诺给晚辈买东西，否则他们会追着你要礼物。我拒绝了，真正在乎你的人发不发红包都一样，有这点心思不如多陪陪家人。

这样的“智叟”们在我们的生活中有很多，新闻里比比皆是，我不想再一一列举。Q大叔在关键的时候抢先表现自己，他是很聪明，但是聪明和智慧是不同的，一个人把所有心思都用在琢磨这些无聊的小事上，他就没有精力去规划自己的未来。

我们就是愚公，我们理解这个世界的痛楚，就好像王屋和太行山压着我们。但我们不想在大山后面躲一辈子，像智叟一样过着经过算计和权衡的世俗生活。就算你学会了智叟教你的市侩，也逃离不了这俗世的痛楚。

我建议你读一些“无用”的书，做一些“无用”的事，花一些“无用”的时间。人生中的奇迹，也许就来自于这种微小的瞬间。那些微小的变化，终有一天会汇集在一起，达成我们倾尽全部想要达成的夙愿。

创造世界的“愚者”往往是那些像小白鼠一样在迷宫中撞得头破血流，但最后却找到了出口的人。人都对自己的智商很有信心，根本不屑于和“愚者”比智慧。我们的聪明才智都用来为自己的慵懒找借口了。

有人问：“一个人需要怎样隐藏自己才能巧妙地度过一生？”

细细想来，如果这一生都是在逃避中度过，碌碌无为还心安理得，那我们活着还有什么意义？

我们在不断经历痛苦的过程中完善着我们的人格，在平凡琐碎的生活中一点一点磨练自己，直到获得一个真实而圆满的人生。比起聪明地走向市侩，我宁愿选择笨拙地活着。

30岁，我们“死”在了朋友圈里

1

有一天，我把我的死党超哥的朋友圈给屏蔽了。我之所以屏蔽他，不是因为他经常发代购广告或发一些无聊的信息来刷屏，而是因为30岁的他已经“死了”。我是多么想留住他当年留给我的果敢、坚定的印象，所以我不忍看到他如此颓废的样子。

朋友圈里每天都有人像超哥一样“死去”。

周一，超哥更新了朋友圈的状态，是专家为他们进行培训时的一组照片。照片里有他和专家的合影，底下配有文字：每天都在不断地进步，加油！努力！超越自己！

我发现这个专家讲的内容都是上个世纪的东西。超哥勤奋好学，但我搜遍了他的朋友圈，也没有找到他上台讲课时的照片。

我不禁产生了怀疑，当年在师范生教学比赛中获得一等奖的超哥去哪儿了？

周二，他拍下了妈妈打扫卫生时的照片，并配有文字：妈妈老了，是该我们回报她的时候了。下面有数十个人给他点赞，评论里不断有人夸赞超哥是个孝顺的儿子，超哥写了大段的回复，言辞诚恳、文采飞扬。

我想，真正孝顺的儿子此时应该接过妈妈的扫把吧！

周三，他放出了他熬夜工作时的照片，照片里的他憔悴不堪。照片配有文字：不要在奋斗的岁月里玩手机。过了一会儿，领导给他点赞了。我猜想此时的他一定是满意地把文件丢开，坚信自己不久就会升职加薪，迎娶“白富美”，从此走向人生的巅峰。（两年后，领导已经给他点了不少赞，只是他的职位和薪水始终没变动过。也许在奋斗的岁月里，真的不能玩手机啊。）

周四、周五、周六，超哥放出了自己在健身房的照片，配上了杨绛百岁感言作为配图文字。照片上的超哥很得意，就好像他真的每天都在锻炼、每天都在看书一样。可是我发现照片里的他一点汗水都没有；假如他真读过杨绛的文字就会明白，先生是不会写百岁感言这种鸡汤文的。

和我一样真正在意超哥的人是不会为他点赞的。

周日，我在超哥更新自己朋友圈状态前将他屏蔽了。在我的朋友圈里再也看不到超哥的头像在闪烁了，我心里那种恶心的感觉立刻被更大的空虚所融解。

原来点赞之交可以淹没的不仅是真正的朋友，还有真正的自己。

在朋友圈里秀努力，你得到的所有荣耀都是虚拟的，它会给你一种强烈的错觉，让你觉得下一秒就可以走向成功了。

2

五一劳动节那天，我约了一位老友出来聚餐。

电话打过去的时候，老友惊讶地说：“我已经到美国工作了，难道你不知道吗？”

我问：“什么时候的事？为什么不通知我？”

老友反问我：“你是不是把我的朋友圈屏蔽了，我每天都在发啊？”

我没有屏蔽他，只是我的好友太多，我几乎没有阅读好友状态的习惯了。哪怕是偶尔利用碎片时间看一下，我都觉得很奢侈。

我笑着告诉老友：“你应该打电话告诉我，而不是在朋友圈里发‘通告’。如果我今天也是在朋友圈上发状态‘通告’你吃饭，你愿意赴约吗？”

老友也笑着说：“是啊，你一天到晚都在分享你的鸡汤文，我早把你屏蔽了！”

我暗暗地捏了把汗。假如我看了他朋友圈里的状态，知道了他在美国，没有电话邀约他聚餐而是在他的朋友圈状态下面点赞的话，我们的友谊可能会真的就此终结了吧。

黑塞说过：“也许有一天，不管有没有导线，我们都会听见所罗门国王的声音。人们会发现，这一切正像今天刚刚发展起的无线电一样，只能使人逃离自己和自己的目标，使人被消遣和瞎费劲的忙碌所织成的越来越密的网所包围。”

在微信已经成为低成本沟通工具的今天，黑塞的话成了绝佳的预言。**我们在朋友圈里成了一个自己不认识，别人也不理解的人。我们聚精会神地盯着是否有人给我们点赞，却不知我们的内心早已荒无一物。**

3

和一位硕导聊天时，他告诉我：“多数考不上研究生的学生都喜欢在朋友圈里发自己刻苦努力的照片。真正成绩优秀的学生进图书馆是不带手机的。”

我对号入座地想到了十几位同学，发现硕导说得无比正确。

情圣告诉我："喜欢在朋友圈刷屏晒美食的人，多数都是单身。一个有固定性生活的人是不会对食物成瘾的。"

这次我不敢对号入座了，但我想起了心理学中的大鼠实验。当老鼠们生活在有性伴侣、玩具和充足食物或者是在有音乐的环境下，他们会无视实验者提供的海洛因。

我身边有越来越多的朋友开始选择屏蔽朋友圈，甚至开始使用传统的信件进行交流。

以前我真的不理解，在微博、知乎、简书这样的平台上，陌生人之间能平等、愉快地交流，可为什么到了朋友圈，我看到的更多的是大家对彼此的反感和不屑。后来我知道了，在这个越缺什么就越觉得别人在炫耀什么的时代，朋友圈变成了敌人圈。

既然在敌人圈里，虚张声势就成了必要的手段。于是朋友间除了互相伤害，还学会了一种用发朋友圈来代替实际行动的"聪明"的战术。换句话说，**你之所以懒，是因为你已经在朋友圈努力过了**。这件事只能麻痹你自己，却瞒不了你最亲近的人。

每个人的阅历和见识不同，不可能所有人的话都符合你的胃口，有用的信息是需要你去筛选的。你觉得朋友圈无聊死了，那是因为你的阅历和认知层次已经超出了大部分人，朋友圈的营养已经不能满足你的精神需求。

很多人迷失在朋友圈里，他们满怀希望地想用朋友圈去统治别人的情绪，却把真正的自己困在了虚拟的荣耀中。

朋友圈里的生活不过是廉价的家家酒，它会把你真正的潜力扼杀在摇篮里。

我希望自己能够做一个独立的人，不管朋友圈有没有人给我点赞，我的奋斗都将继续下去。**我想把命运牢牢地掌握在自己手里，即便这代价是永远保持孤独。**

你看起来很厉害，所以一事无成

1

沙大神是我朋友圈里著名的“牛人”。众所周知，他上知天文下知地理，音乐、体育、心理学他无所不通。

然而他的生活却很清贫，不仅没钱参加各类聚会、掏不出份子钱，就连打游戏时需要的各类付费道具他都要靠我来支援。

在他看来，人的一生不需要富足，只需在不断地探索中享受快乐。可在我看来，把知识转化为财富并没有那么难，完全不会影响他去探索，去享受快乐。所以我一直很不理解他。

直到最近我才发现了原因。

沙大神最近也开始玩《英雄联盟》这款游戏了，他虽然是被我带进坑的，可不到几个月他就成了里面的高手。只是有一点很奇怪，他的游戏级别一直停留在中上等的水平，从此就再也上不去了。

我问他：“你要不要再努力一下，争取成为职业玩家！”

他说：“那些王者级别的人都是些不会享受生活的蠢货，一天到晚只知道耍啊耍，我不屑与他们为伍。”

我接着问他：“依你看我们应该如何看待那些游戏级别低的玩家呢？他们不就是在享受生活吗？

他回答我：“他们是一群‘小白’，不仅操作水平低，战术也很烂。”

沙大神说这话的时候很得意，仿佛他只需要用一点点努力就可以达到常人无法达到的水平。他不仅看不起那些和他付出了同样努力却得不到相同效果的人，他更看不起那些努力程度是他几倍，但成绩也比他优秀很多的人。

我突然想起了初中时与我同桌的女生，她总是复习到深夜，但期末考试的成绩却比我高不了几分。我得意洋洋地和周围人说，如果我和她一样努力，我早就考上清华、北大了！

后来我发现我的这种浮夸毫无意义，最终考上清华大学的是她而不是我。在努力这件事上，结果大于过程。或者说，这个世界不关心谁跑得更快，它只看重谁先跑到终点。

考70分的人永远没有考90分的人厉害，这与谁付出了多大努力无关。**付出30%的努力收获50%的人与付出20%的努力收获80%的人相比，后者更能得到这个世界的奖励。**

沙大神之所以失败，就在于他既不能像职业玩家一样靠游戏为生，也不能像休闲玩家一样靠娱乐来让自己舒心。他的生活充满了掌声，实际上却一事无成。

小时候，家长总告诉我：你再努力一点就会很了不起了哦！这个信念一直支撑着我走到今天。殊不知正是这份自信害了我，成了我偷懒的借口。因为“努力一点就行”是“不断努力下去”最大的敌人。

2

我曾经也以自己是一名“斜杠青年”为荣，除了心理学教师这个主业以外，我还热爱画画，游戏也打得不错，还能时不时地写点现实主义小说。如果我把这些都写进我的简介里，几页纸都写不完。

很久以来我都满足于这种“努力”的状态，认为这样做至少证明了自己兴趣广泛、热爱生活。但渐渐地我开始发现了问题，我一味地沉醉于这种“只要努力就是成功”的自我优越感中，却没有发现自己的人生正在走向溃败。游戏里我被高手虐得一塌糊涂；写作平台上我发表的小说阅读量寥寥无几；我投稿的画作被无数次退稿；我申报的课题被学术“大牛”轻松挤下。

我跟导师汇报了自己的情况，导师笑着说：“你只是看起来很厉害！你聪明地以为你能通晓各大领域的知识。实际上，你在每件事上都做了逃兵。”

你看起来很厉害，那只是你的自我感觉良好罢了。在我看来，真正的厉害是有一个分水岭的，这个分水岭就是搜索引擎，如果你提供的东西都能在网上搜到，那你一定不厉害。举个例子，有些人多赢了几场游戏就觉得自己很厉害了，这真的是一种错觉。我可以不厉害，但我绝不炫耀。

人一生会有很多种追求，但一定有一种追求是需要你追求一生的。我所擅长的东西很多，可我的精力是有限的，如果想要实现我的最终理想，我必须沿着一条核心的主线去努力。我的核心工作一直都是在科普心理学的道路上战斗。

于是我整合了我所有的技能，让它们为这个主线服务。

我为自己创造了一个剑圣喵大师的头像。

我不再单纯地写历史小说，而是用通俗的笔法来科普心理学知识。

每天工作完毕后，我会打开游戏玩几局，不在乎输赢，只是纯粹地消遣。

以前我在写作平台上发文章，写到十万字时获得的人气，相当于别人写四十万字时获得的人气，我一直很自豪。

直到有一天我突然意识到，我只是比那些一般的作者稍有优势罢了。此时我与行业内大咖的距离还很远。于是我开始走出自我麻痹，比以前更加勤奋地去写作。从每周更新一次改为三天更新一次。

不知不觉中，我已经成了那个写作平台上排名靠前的作者。

我非常喜欢现在的自己，现在的我已经没有过去那么狂妄了，我似乎更能知道自己想要的到底是什么。我没有了过去爆棚的自豪感，反而无时无刻都能察觉到自己的肤浅。

每晚睡觉前我不再得意于自己有过的成就，而是回忆自己走过的路，回忆着在这条荆棘的路上我留下的每一个脚印有多深，自己曾经吃过多少苦。

3

从“看起来厉害”到“真正厉害”差着成千上万次努力。

从“真正厉害”到“生活达人”差着成千上万次尝试。

花儿们总以为有了刺就可以显示出自己有多厉害，殊不知这正显示了它们的弱小。

在这个信息爆炸的时代，我不担心你学不到东西，我只担心你学到一点东西就沾沾自喜、妄自尊大。这种智力水平瞬间上升的“厉害感”只能让你在短时间内获得一种逃避现实后的快感。有时候思想的冗余比思想的贫乏更可怕。

你虽然满腹经纶，但自命清高、从不写作，从没把知识分享给别人，那你很可能一生都默默无闻。

真正厉害的人，是不会用“厉害感”装饰自己的。生活达人们不管看起来是否厉害，他们都不会在真刀真枪的实战面前抱头鼠窜。

即使你拥有倾国倾城的容貌、经天纬地的才能、富可敌国的金钱……哪怕是你拥有了这个世界上人人都羡慕的一切，也不能证明你就是强大的。只有内心强大才是真正的强大，而真正的强大永远是沉默的。

不删掉这四种思维，你的努力毫无意义

明明自己已经很努力了，可就是得不到任何收获。很多人都有这种感觉，他们把自己人生的失败和平庸都归咎于命运，其实命运从未辜负过他们的努力。

努力不一定会成功，但肯定会有收获，如果你努力了却一直没有收获，那就说明这并不是真正的努力，很可能是自欺欺人，或者是你在逃避现实。

去年，我参加了教育厅组织的高校教师培训。一位来自教育部的专家传达了教育部的精神：高校教师不仅要在课堂上传播知识，更要在网络上传播正能量。这方面表现优秀的老师不仅能获得表彰，还能被优先评定职称。

全场沸腾了，老师们自行分为几个小组进行讨论。我所在的小组有十多个老师，他们热情洋溢，积极地为传播网络正能量而献言献策。我躲在后面一言不发，我心中唯一想的就是——在这么多专家、教授里，我怎么样才能脱颖而出。

事实证明我多虑了，如今一直坚持在网络上科普心理学知识的老师只有我一个人了。现在我的微博、公众号等平台上的关注者已经超过三万。虽然比起网络大咖，我还有很大一段距离。但已有不少读者留言，说我的文章给他们带来了很大帮助。能传播正能量，我很高兴。

我翻开当年的通讯录，依次打电话给当时一起培训的老师，我想了解他们为什么选择放弃。从他们的回答中，我总结出了原因，有四种负面思维让他们无法坚持下去。其实，这四种负面思维一点也不陌生，我们普遍都会有。

“借口时代”的借口

不断有人问我：“怎样可以让公众号一个月内受到一万个粉丝的关注？”

其实我很反感这种问题，如果你写作的成就感仅仅是来源于粉丝的关注量，那我认为你的写作是坚持不下去的。不过，出于对读者的尊重，我还是给了他建议。

“好友TD姐是著名网络大咖，她正在寻找有潜力的作者作为她微博的书评人，你赶快去她那投稿，一旦上了微博推荐，那粉丝们很快就会来围观你。”

其实，我给出的是一个很好的建议，不过我却不断收到提问者带有各种借口的回答。

“微博早已经衰落，搞这样的事情没有意义！”（没意义。）

“一周写两篇书评，这么麻烦，我还要上班呢！”（很麻烦。）

“我看了你平时写的微博，就那么十几条转发、几十个赞。太慢了，浪费时间！”（慢。）

这些借口都有一个特点，就是认为这件事“做了没用”。

这种“没意义”的借口在我们生活中比比皆是，只是经常使用这种借口的人，也没有积极地投入他们认为的有意义的事情中。或者在他们的生活中真正有意义的事情就是偷懒。

正确的观念如下：

1.微博上可是有着数千万的活跃用户的，如果想做自媒体，微博将是一块重要阵地。不仅是微博，其他的网络平台也将是你战斗的地方。

2.如果你只想上班，就回去好好上班吧。如果你觉得做这件事太难，你可以选择放弃，但你不要再抱怨生活。

3.一夜成名这种事是不太容易落到你头上的。做任何事情，过程的意义都远大于结果。你只需要这么静静地走着，某天当你转身，你会发现自己早已硕果累累。

“没意义”的背后是“不想费力”，在所有不费力的事情中，拖延是最简单、最容易的。

建议远离生活中那种感觉自己做任何事都索然无味的人，因为，“无聊”这种心理疾病是具有毁灭性的，而且蔓延得很迅速。

以后再说吧

“我很忙，没时间。”

“以后再说吧，小周老师，最近事情一大堆呢！”

“最近太忙了，又是开学，又是迎接检查，家里的孩子也不让人省心。你先做着，等我忙过这一阵子就好了。”

如果我愿意罗列出我一天的事情，那必然要比那些偷懒的人要多很多。

其实，“没时间”只是一种自欺欺人的借口。人们喜欢把事情拖到最后一刻，然后迅速地不求质量地去完成。这样便可以安慰自己：

我很努力了，只是时间不够我才做成这样的。

走向成功的道理很简单，**单位时间内谁做的事情越多，谁就越早成功。或者说，弱小的人他所能做的事情是串联式的，必须要先完成一件事才能再做另一件事，而且很容易导致系统短路甚至是崩溃；而强大的人，他所能做的事情是并联式的，可以同时开展多项工作，即便某一条线路断了，他也能有条不紊地将工作进行下去。**

如果你总认为自己忙，没有时间，也许只能说明你大脑的工作效率太低，你需要找到技巧加大它的运转速度。毕竟，现实是残酷的，没有人理会你是弱小还是强大，也不会在意你忙还是不忙。

贴标签

我们总喜欢给自己贴上一些标签，来解释自己为什么偷懒！

我有一个学生，他的毕业论文过了规定时间才交来。我粗略地一翻，发现很多段落都似曾相识，原来是他照抄了我在百度上的内容。

看见我皱眉头，这个女生调皮地眨了一下眼说：

“老师，你知道，我们射手座就是这样！”

我记得圣斗士星矢好像一直靠着射手座圣衣才最终拯救了雅典

娜吧？射手座要真是这么拖延和懒惰，怕是连白银圣斗士都打不过。很明显拿星座来说事不过是给自己的偷懒找一个借口。

像这种找借口的方式还有很多。

“我们XX地的人没有你们昆明人那么积极！”（XX地是以出懒虫为名？）

“万一TD姐不理我怎么办？我这个人很内向！”（各类大神也不怎么搭理我，那我还不得去死？ TD姐已经非常好了！）

上面两个说法我还能想办法辩驳一下，下面这种说法，我简直无言以对。

“上天只会给那些被他选中的人机会，我这样的人毫无办法！”

这个世界上并不存在你完全不能去做的事情。你过去所有的经历造就了现在的你，你现在所做的所有选择会造就将来的你。没有什么是一成不变，撕掉你逃避的标签，勇敢地选择改变，你的梦想终有一天会变成现实。

为了变强，我已经舍弃了尊严。除了勇者，我什么也不是，除了这把剑，我一无所有！

这是我的内心箴言，可见我付出了多大的努力来对抗软弱的自己。

我尽力了

“不要勉强自己，尽力就好”，这是鸡汤文中反复出现的一句话。可事实上，面对这个压力越来越大的社会，有时候我们不得不勉强自己一下，多努力一些，只有这样我们才能变强大。**想变强大的确很累，但不强大更累。**

我有个朋友是医生，他说手术过程中就算他发现病人已经去世了，还是要在手术室里拖延几个小时再出去，假装努力以安慰患者家属。

接下来是电视剧里常见的桥段，医生最终没能治好病人，然后对家属惭愧地说：“我们尽力了！”患者家属痛哭流涕。

由此可见，“尽力”是多么不靠谱的一个词啊。

我们用了太多的理由来逃避困难和挑战。我们总喜欢说“尽力就好”，但实际上，“尽力就好”的结果往往是放弃和失败。有时候我们必须勉强自己一下，就像凤凰涅槃，需要飞向火焰，然后在灰烬中重生。

前一阵子，网络上流行着“世界那么大，我想去看看”的段子，引发了一股辞职旅行潮，然而写这句话的女教师并没有去旅行。甚至在辞职潮还没有退去时，她就已经嫁人了。之后她又向网络重新定义了世界，她说："我的先生就是我的世界。"

这无疑打了众多辞职网友的脸。个人认为在压力倍增的今天，与其用"去看看世界"的方式来逃避压力，不如静下心来想想如何面对你所处的这个世界。

换句话说，与其学会逃避压力，不如学会对抗压力。

朋友Z就是对抗压力的高手，他每天上下班都要坐三个小时的地铁，他每天都会利用这三个小时同地铁上的陌生人互动。有时候他用手机写网络故事，如今新书已经出版，正在热卖中。多少人都在抱怨，自己上下班时挤地铁很痛苦，而我们Z君却能乐在其中。

勉强自己一次，你可能会突破你现有的水平，后面的事情对你来说也就不那么难了。当然，在现实生活中，要想一点都不勉强自己是很难的。

真正的努力是发自内心的，当你把这些负面思维都忘记以后，你会发现努力并没有你想象中那么艰难，它甚至还很有趣。**其实努力这件事，我们只要去做就好了，"做"的意义比"做好"要重要得多。如果我们把用来自我欺骗和逃避现实的精力节约下来，那么在努力的过程中，我们便能更好地享受生活的乐趣。**

这才是你想要的努力

绝望是虚假的，希望也是如此，有时候，愿望是最伤人的。

“只要还有一线希望，我们就决不放弃努力！”我们经常会在电视剧里看到这句话，我很好奇为什么电视剧里的人物都那么坚强和洒脱，无论遇到怎样的绝境他们最终都能“逆袭”。而现实生活中的我们却常常对生活感到无力。

我们总是在努力时体会艰难，又在放弃后心有不甘，当我们重新振作起来时，又将开始下一轮的从希望到绝望的循环。你隐约发现，你的努力并没有让你持续向前，而是让你在原地无休止地徘徊着。

翻开手机我们会发现朋友圈里有着满满的传奇。某某家中一贫如洗，他通过不懈的努力，最终腰缠万贯；一个相貌平平而且枯瘦如柴的平凡少女，通过对梦想的不断追求，终于成为选美冠军；

一个大学未毕业的人，拿起话筒站在舞台上就成为举世瞩目的歌星……我们从小就听着这样的故事长大，这些对我们来说并不陌生。

即便是今天，网上仍然流传着“马云给年轻人的关于努力的话”，这种话已经烂大街了。可当我有幸能在现场听到马云先生的演讲时，他是这么说的：“都拿我创业成功的事例当典范，你们知道死在创业路上的人有多少吗？”

其实不用算，创业失败的人成千上万，只是他们的故事没有人听过。

我在下乡支教的这一年里，发现即便是在全村断电、整条街上漆黑一片的情况下，彩票站也是灯火通明的。那里人头攒动，发电机嗡嗡作响。也许每个人心里都在想：即使只有千万分之一的可能，我也要努力一试！正是受这种心理的驱使，许多穷人才把他们有限的金钱都挥霍在彩票上，这里几乎是全省最贫困的地方，却有很多人为了彩票倾家荡产。

有些鸡汤文会告诉你即便是一无所有你也有资格任性。在这个信息碎片化的时代，这样的文章迎合了不少人的胃口。可我要告诉大家，阻碍你美梦成真的恰恰是你的美梦本身。很多时候，愿望才是最伤人的。

你得明白并不是你够优秀就一定能收获爱情；即便你瘦下来，世界也不是你的。

K工作十分努力，工作对他而言，比任何人、任何事都重要。为了能让自己全身心地投入到工作中，他搬到单位来，与妻子长年分居。在工作中，他主动去贫困地区挂职扶贫，在一些重要领域开创了先河，因此他多次接受上级部门的表彰。可是令人诧异的是，他开始不断地受到部门领导的排挤，同事们也觉得与他相处压力甚大。

他在单位的人际关系越来越紧张，最后不得已只能远走他乡。此外，由于多年缺乏放松与休息，他的身体开始出现问题，这件事彻底击垮了K。最后一次见到K时，他已经感到绝望了，开始变得悲天悯人。他准备放弃自己至今以来一直在奋斗的一切。

“愚，不要劝我了，我很努力了，可是现实很残酷！”K脸上的表情让我觉得他很痛苦。

“K，你并未真正努力，对于努力，最重要的一点是接纳自己而不是逞强。”我说。

“接纳而不逞强？”K茫然地看着我。

每个人都有自己的障碍，这个障碍可能来自于自身，如身体、精神或情绪等方面的短板。虽然有人会说，大部分人的努力程度之低还到不了需要拼天赋的地步。但是诸如性别歧视、裙带关系、潜规则等已经存在的社会现象仍在许多领域中阻碍着人们通向成功。

所谓接纳，就是接纳当下所发生的事情，接纳这个社会的种种现象。**很多心理疾病就来源于自己无法接受已经发生的事实**。要让自己做到接纳现实中所发生的一切很难，但我们可以改变，改变的前提是接纳。

“你的努力透支了你的精力，你的成绩又威胁到了领导，这致使你的努力毫无价值。就算这里面有很多不公平，你也必须清楚地意识到，你并没有重要到不可替代的地步。或者说，没有谁是不可替代的！”我慢慢地告诉K。

“你可以选择去跟上级部门反映你的情况，但在这之前你必须评估一下这个行为的胜算几率有多大。如果你觉得这种方式无法得到你想要的结果，那你就再想一下其他方式，不要以卵击石，要学会灵活变通。如果你采取了这些措施都不奏效，还把自己搞得筋疲力尽，变得越来越没有信心，那就去尝试一些其他的事情。你可以走一条令现在的自己喜欢的路然后重新开始。不管你之前是成功还是失败，你都会在这样的挑战与追逐中得到收获。”

K听取了我的意见，他选择了一所国外的一流大学去进修。没过多久，K注册了豆瓣和简书，我相信以他的才华，他会为我们带来更新的阅读体验。

你有多少努力其实是在逞强，有多少逞强已经把自己搞得遍体鳞伤。一味地沉迷在自我感动中，心情如过山车般时而振作、时而放弃。但无论是放弃还是振作，我们都浪费了最宝贵的资源——时间。唯有把握时间，立足当下，才能让世界对你温柔相待。这就是为什么，世界越是纷繁复杂我们就越是需要停下脚步，与自己的灵魂对话。

一个学生曾经跟我说，他在实行晚间五小时图书阅读计划，全过程是这样的：他刚读了文章的开头，就发现自己根本静不下心来，于是就开始玩手机，让自己放松一下心情。玩了一会手机他突然意识到时间已经过了两个小时，心里感到很内疚，然后就开始责备自己颓废，这个过程又用了他两个小时的时间。最后他又继续开始读书。上床睡觉之前，他要用半个小时的时间来整理心情。所以，睡前半个小时他必须停止读书。整个过程下来，他真正用来阅读的时间只有半个小时。

我笑了，我以前何尝不是这样。幸好我早早就学会了面对真实的自己。只专心看两个小时的书就去娱乐，不用内疚，也不用逞强。

所谓努力并不是要讨好别人却得罪自己。**真正的努力是基于对现实的了解并持续不断地前进**。

努力者的终极目标是自我成长，只要有机会，他们就会提升自己、充实自己。他们不会自我怜悯，不会勉强自己，他们不刻意追求幸福与成功，他们只是静静地走着，然而幸福和成功却与他们如影随形。

真正的努力还包含很多要素，在以后的文章里，我会一一写出。

某些成功学大师总是在各种教室里口若悬河地说着，他们总是把自己的童年描述得那么艰难困苦。煽情过后他们突然口风一转，任他往事随风，千帆过尽，所有的困难和艰险都将烟消云散，如今的他们只有光芒四射，再也没有了从前的愁云惨淡。所以，这都是努力的结果。

而我们却在长夜漫漫中苦苦煎熬着，怎么都等不到成功学大师们所说的“屌丝逆袭”的情况出现。我问大师为什么，大师说，你还不够努力。

扪心自问，你真的需要这样的努力吗？你真的需要“屌丝逆袭”，把曾经欺负自己的领导踩在脚下，让离开你的前女友回心转意，让歧视你的人刮目相看，成为某些人高攀不起的“怪胎”吗？这样就能让你掌控自己的命运了吗？

如果所谓的希望就是上述这些东西，那我们从一开始就错了，而且错得离谱。那些并不是希望而是妄念，请放弃被你称为希望的妄念吧！**因为这个世界真正的希望并不像太阳一样耀眼，它像繁星，是点缀在我们生活中点点滴滴的快乐，是一点一滴的成长带给我们的喜悦。**

许多人问：“在我尽最大努力之前，我怎么能知道什么是我能做的，什么是我做不到的呢？”

这个问题不难回答，比如你想成为著名作家，你可以给自己定目标。每周写1000个字，这是你可以完成的目标。你的目标不是一周达到多少阅读量和被多少粉丝关注，这往往是不可控的。你只要慢慢写，有一天粉丝会自然而来。

我们要诚实地评估自己的能力，如果目标力所能及，我们将全力以赴；如果目标有点遥不可及，那我们就将其拆分为若干个小目标，然后一点点地去实现。一步登天的想法是我们成长的最大阻碍。

我们只需要把自己沉浸在岁月这条长河中，就这样带着对生活的执着，穿越茫茫原野和深深山谷，我们要活得像河流一样绵延而深情，直到流入那广袤无垠的大海——我们的命运终点。

CHAPTER / 04

不是优秀了才强大，而是强大了才优秀

忍让，换不来友善。最好的友善，

不是“求求你不要打我”，而是“你敢打我试试”。

不要以为和你聊天，就是喜欢你

白色情人节那天，橘子姑娘告白失败了。

这本不是一件稀罕的事，可橘子姑娘却始终想不通。整整一个晚上，我都在陪她聊她的男神为什么拒绝她。

“他要是不喜欢我，干吗来撩我？！”橘子姑娘很气愤地说。

她给我看她和男神G的微信聊天记录。天啊！我看到满满一屏的留言都是她给男神发的。聊天内容没有一点暧昧的气息，给人感觉非常融洽、自然。我感觉男神G并不高冷，每天都对橘子姑娘嘘寒问暖，而且这个过程已经持续了一个月。

你身边有没有这样一个人呢？你喜欢着他，关注着他，他也关注着你。他不断地在你的空间里留言，在你的朋友圈里点赞，又或是在你的微博下评论。你们虽然无话不聊，可你们的关系却始终无法再进一步。

也许你们之间真的有可能，可如果你过早地把自己摆在他恋人的位置上，那你们之间就再无可能了。而且你把结局想得越好，自己就陷得越深，最后结果一旦失败，你就会越痛苦。

心理学中有一种现象叫“巴南效应”，由心理学家福勒教授提出：

当人们用一些普通、含糊不清、广泛的形容词来描述一个人的时候，人们往往很容易就接受这些描述，并认为描述中所说的就是自己。

在聊天中，对方看似热情而又含糊的语气，往往会被你误解成爱慕。因为你喜欢着他，哪怕他的一个眼神，都能让你情不自禁地掉进去。在这样的谈话中，每一秒你都在上当受骗。

为了验证这个猜想，我特地通过朋友联系到了男神G。我们一起吃饭时，我含蓄地问他：“为什么你不喜欢橘子姑娘却还要撩她？”

男神G哈哈大笑，他对我说：“我没有撩她啊！她很活泼，尤其是她经常发一些有趣的表情给我，这些表情可是深受女孩子喜欢的！我要收集起来留着追女生用。”

原来，男神G找橘子小姐聊天只是为了收集表情包。所以，橘子姑娘完全误解了男神的意思，表白失败自然是定局。他们最终不但没有成为情侣，连普通朋友也做不下去了，后来男神G自然又去其他人那里收集表情包了。

面对爱情，我们经常是盲目的。我们总是先假设对方是喜欢自己的，然后再去搜集各种各样的证据支持这个结论。在这个结论下，就算对方做了一件与我们毫不相干的事，哪怕是说了一句无心的话，我们也会立刻建立起一个逻辑，然后经过各种论证得出“他喜欢我”的结论。

如果现在的你正面临着这样的问题，那么，请你赶快醒醒吧，趁一切还来得及。即便你们之间的那种感觉真的是爱情，也需要你对此有清晰和敏锐的判断才行。

当然，橘子姑娘的情况只是众多情况中的一种，除了为收集表情包，他找你聊天还可能有以下几个原因：

他喜欢你的闺密或朋友

曲线进攻虽然很不道德，但它却是很多撩妹高手最常用的战术。有位朋友曾感叹：“女朋友的闺密对你的评价太重要了，她几乎就是你的第二个丈母娘啊。”所以面对那些常被人追的美女，撩妹高手往往会从她相貌平平的闺密入手。因为，得到了闺密的认可，就相当于得到了一个很大的价值担保。

如果有男神接近你，并主动向你示好。那请你留意下，你身边是否有比较漂亮，而且正在单身的闺密？如果有，那你就要确定下，男神找你聊天是为了约你还是约你的美女闺密了，免得最后白白浪费了自己的感情。

因为无聊，他想尝试下被秒回的感觉

我们在等待男神（女神）的回复时，内心是非常焦灼的。因此在和男神（女神）聊天时，需要有一个人能秒回他的信息，抚慰被冷落而受伤的心灵。没错，那个人就是你。如果你发现一个正和你聊得很热情的人突然失去了踪迹，那你千万要注意他有可能是这种人。

也有可能这些根本就没什么，那只是他心血来潮，突然想要找你聊天罢了。**但不管真实的情况是怎样的，如果你喜欢的人突然找你聊天，这必然是一个发展感情的机会**。

怎么样通过聊天来判断一个人是否喜欢你呢？最关键的就是看你们在聊天时，各自的情感投入是怎样的。下面有两组对话，大家可以对比一下。

第一组

女：“想听我唱歌吗？”

男：“想听啊。”

女：“唱得怎么样？”

男：“太好听了，你的声音完全可以当明星！”

女：“呵呵，是吗？”

男：“是啊，我真心觉得。”

女：“你可真会夸人。”

第二组

女：“想听我唱歌吗？”

男：“想听啊！”

女：“你根本就不想听！你就回了三个字！”（加一个皮卡丘哭的表情。）

男：“我想听啊，想听啊，快来吧，我迫不及待。”

女：“算了，反正我唱得也不好。”

男：“你可以上传微博，给我地址，我慢慢听。”

女：“你这个猪！”

男：“我明明是‘喵’。”

女：“再见！”

通过对比这两组对话，大家一眼便可以看出来，在第一组对话中，女方并没有太多的情感投入，男方虽然缺乏正确的撩妹技巧，但是他的情感投入却很多。所以，在这段对话中，我们可以判断出男生是非常喜欢女生的，而女生则不然。在这种情况下，男生应该学会使用一些能够引发女生情感反应的沟通技巧。

假如女生问：“我唱得怎么样？”

男生应该这样回答：“唱得自然不错，但你的声音中有一种不为人知的忧伤，到底经历了什么样的事情让你变成这样？”

而第二组对话中，我们能明显地发现，男生和女生是相互喜欢的。因为在这段对话中，两个人的情感投入都很多。

在和一个人聊天的过程中，如果你发现对方说话的方式开始变得很幼稚，那就说明对方是喜欢你的，甚至对你相当动心。因为恋爱中的两个人，潜意识里都希望被对方呵护。

在这段对话里我们并没有看到两个人有谁使用了什么语言技巧，因为两个人真心喜欢彼此，聊什么已经不重要了，关键是聊天背后的感情交流。

电影《备胎反击战》告诉我们，**要想成功和对方建立恋爱关系，不要一开始就把自己抬得太高，有时候对方主动找你聊天时，你需要用拒绝来吊一下对方的胃口。**

不过，聊天就是聊天，目的性不要太强。他随便聊聊，你也随便回回。有时候就算聊得好也不一定会成为情侣，淘宝客服就很能和你聊天，但你们之间几乎是不可能的。

勇敢地去聊吧，就算聊不好也不会让你损失什么，而且很有可能它还会让你获得一份很好的爱情。

痴情，是你穿不起的名牌

不要埋怨前任的无情，要怪就怪自己无能为力。相信我，世上无人不伤人，世上无人不被伤。就算你是天使也会有伤害到别人的时候。

关于爱情，长辈会告诉你，要想成功获得异性的芳心，你要学会对爱情忠贞不渝。专一是你在爱情中学到的第一堂课，对于目前国内近两亿的单身男女们来说，这恐怕也是最正统的一堂课。

可是，对于爱情，你需要了解的还远不止这些。只是，剩下的知识没人教你。**时代变了，青春已经混完，爱情却还没来得及补考。自己本以为能在青春岁月里留下一段难忘的记忆，却没料到那些美好时光都给渣男、渣女“赈了灾”**。没错，这就是我们大多数人的青春。

有人问我，老师，你为什么总是推荐我们去看励志书，那些大道理我们都懂！

你虽然懂，可有些道理只有在受伤之后、打开文章之时你才能真正有所体会。不结合着现实去看道理，你永远只会觉得它是无用的鸡汤，朋友圈里的垃圾。

“老师，我太爱他了，根本离不开他，我该怎么办？”就是这个问题，我至少回答了五百次，问我这个问题的人绝大部分都是女生。前一百次，我对这样的女生还满怀同情，因为我也不止一次地被伤害过。但问的人多了，我就开始产生厌烦的心理。我奉劝那些痴情的女生，只要她们真的感到痛了就赶紧放手。但她们都太执着，声称不管有多痛她们都不放手，然后还把这当成一种痴情。

不得不说，类似于简书这样的平台才是及时出现并且永不厌倦的心理咨询师啊。所以我才给自己的文章起了这个标题：痴情，是你穿不起的名牌。

有一句话，民间流传甚广，叫功夫不负有心人。这句话在绝大多数情况下都是适用的，唯独在感情上坚决行不通。要想成功挽回你的前男友或前女友，要想追到你心仪的男神或女神，死缠烂打是绝对不行的。如果你已经付出了很多努力，最后仍然失败了，那你就应该试着放手，然后重新塑造你在他心中的形象。不要再去联系他，不要再去想他，让自己变得更优秀。过上一段时间后，如果他还在乎你，一定会回来找你，你们也许能重新开始。只是到了那个时候，你也已经有了更多的选择。**不要太高估前任对你的感情，感情出问题，有时候比飓风还迅速。**

我们班的一个男生含着泪告诉我，他在班花身边一直是窝心呵护她的男二号。只要班花安好，他愿做“备胎”到老，但班花对他的态度永远是忽明忽暗。

我已经很久没有被这样感动过了，于是打了个电话给班花，班花真诚地跟我说了实话。我听完感到很震惊。他怎么可能是男二号，他完全是班花心目中的群众演员啊。我不敢把事实告诉这个男生，我更不敢告诉他其实班花有一个大她很多岁的开奥迪的男友。

女生们，你们一定很好奇，这样的男生不是傻吗？为什么不选择对自己好的女生，而非要去给女神献殷勤，最后却闹得如此尴尬，傻不傻？答案很简单，用专业的话来说，这个时期的青年谈恋爱主要不靠大脑，而是靠荷尔蒙。

爱情是一种神秘的现象，就连心理学也无法完全解释清楚。她像一个温柔的陷阱，又像一朵雪白的彼岸花，只要花瓣落进你的眼里，你便会永远迷失在纯白里，然后会不顾一切地踏上这条不归之路。

有些女生认为，只要她对男神细心呵护，终有一天他会被感动的。我并不这么认为。我觉得即便你靠无微不至的呵护临时上了位，这种脆弱的感情也经不起考验。因为你不明白，男生像个孩子般在你面前哭泣，也许只是在缅怀他的前女友，一旦他的前女友再来找他，你就会随时被踢出局。

这样的大实话，你敢听吗？认真审视一下你现在的感情吧，也许你只是个代女友、代男友而已。

据统计，每一天都有人因为感情问题而跳楼自杀。我曾经去房顶救过一个因为失恋想自杀的男生。在那一刻真正打动他的并不是亲情、友情或生活，而是我问他的一句话："像你这么恐怖的人，你前女友知道了，她还敢回来吗？"

这一切都是痴情惹的祸，因为痴情，很多大龄优质女青年都处于未婚状态。虽然适婚年龄中男性的人数比女性的人数多三千八百万，可是单身最多的仍然是女性。这并不是因为这样的女性素质不好、眼光高或者性格孤僻，**而是因为，她们都很痴情，一**

旦在感情方面受了伤就不知道该如何去爱了。她们因太过痴情而深受情伤，等到她们清醒过来时，又变得太过理性了，再也看不出这个世界的色彩。

爱情像一个仙人掌，女生在感情上被前男友扎得满身是伤后，就再也分不清这个痛是前任给的还是现任给的了。她怕了，于是彻底封闭了心灵。

我并不是反对大家痴情，只是痴情是一个你穿不起的名牌。你总是想你这辈子必须要穿一次名牌，这样才能对得起你毕生的努力。可名牌不能一直穿在身上，那会成为你一生难以卸下的负担。

不要因痴情而耽误自己的一生，即使身受重伤也不要让自己变成一个“蛇蝎皇后”。女孩们要尽早地独立起来，要尽快实现自己的人生价值。不要因为一时的挫折而沉迷在过去的伤痛里。要走出困境，继续去折腾你的人生，去认识更多不同类型的男生。

学会打扮自己，哪怕打扮不好会让你看上去有点妖气；不顾一切地去奋斗，哪怕这种奋斗会让你染上男人的气质。用你的美貌和实力去创造一个闪亮辉煌的舞台。到那时，成熟稳重的大叔、温柔体贴的“暖男”、文艺十足的“小鲜肉”、出类拔萃的大师，都会随你挑。选择一个最让你安心的人，然后在他温暖的怀中做一个安静的美女子。再回头看一眼前任在泥里打滚的土样，你的一切爱恨也就入土了。

越是委屈自己，别人越不在意

不敢得罪任何人，只是一味地委屈自己，那不过是性格软弱罢了，根本不是温柔。

在我七岁那年，邻居家的孩子打了我，把我的玩具飞机砸得粉碎。我哭着回到家告诉妈妈。妈妈听完，抬手就给了我一巴掌，然后拉起我就去找邻居道歉。邻居很倨傲，就说了一句："小孩子之间打打闹闹的事是常有的。"然后重重地关上了门。那一天我哭得很伤心，我不断问妈妈："为什么要这么做，你不知道是他欺负的我吗？"妈妈说："邻里之间要和谐，孔子说过，高尚的人要以德抱怨。"

从那以后我一直都按照妈妈的道理去做人，面对伤害我的人我都以德抱怨。可我并没有换来别人的尊重，反而把自己搞得遍体鳞伤。**生活里永远有欺负我们的人，永远有看不起我们的人，却很少有永远陪伴我们的朋友。**

直到有一天，我发现是我们误会了孔子。孔子的原话是“以德报怨，何以报德，唯有以直报怨，以德报德”。孔子并没有告诉我们用高尚的行为对待伤害我们的人，而是说只有对我们好的人，才值得我们对他好。

时隔二十年，当我把这个观点再次告诉妈妈时她哭了。她想起了自己的一生，她一生都在以德报怨，却只教会了别人如何伤害她。

心理学中有个名词叫强化，如果别人伤害我们换来的是我们的妥协和示好，那么他们便会建立起这一心理连接，好让他们不断重复这个模式——伤害换来好处。我们的妥协和示好只会帮助他们更加确定这个心理模式。

橘子姑娘与男友之间的相处模式就是这样的。男友很多天不回复她的消息，她便开始焦虑不安，不停地向男友认错。男友一发脾气，她便马上做一顿丰盛的晚餐来哄男友高兴。橘子姑娘在不断地强化着男友伤害她的心理模式。有一次男友失踪了一个礼拜，有一天，她在男友家门口等了一整晚。快到午夜时，男友终于出现了，可是他背后还跟着另外一个女人。

橘子姑娘没有发火，她泪眼汪汪地想和男友认错，男友却温柔地对她说：“你是个好姑娘，可是我们不合适，你是如此得好，以至于我没有办法好好爱你！”

橘子姑娘在很长一段时间内都没有再恋爱，男友说的这句话成了她的爱情《圣经》。她变成了言情小说和肥皂剧的忠实粉丝，经常依靠酒精和香烟来缓解精神上的痛苦。她常常问自己，为什么好姑娘总是被伤害、被抛弃？

“也许，只有坏姑娘才有人爱，可是我学不会！”橘子姑娘对我说。

“橘子姑娘，你不该是个被人榨干了汁的橘子，你该是棵橘子树。无论天阴天晴，你都参天矗立；无论刮风还是下雨，你都要枝繁叶茂。”我是这么回答橘子姑娘的。

我身边有很多像她那样的好姑娘，她们总认为自己被别人伤害以后，别人出于内疚会对她们更好。甚至有女生告诉我，她觉得男生意识到自己的错误后会更加珍惜她。我不知道这个道理是从何而来，这样的情节往往只会出现在鸡汤爱情故事里。两个人互相伤害后没有在一起，就留了一句“对不起”，多年后再来一句“我爱你”便结束。“在一起，对不起，我爱你”，这九个字串成的简单情节，加一点唯美的语句就可以让无数女孩落泪，阅读量疯涨。

我不理解，我认为爱情不是让我们互相伤害的，而是让我们互相扶持去面对生活的。

后来我想明白了，这是姑娘们的一个梦，一个不愿醒来的噩梦。

橘子姑娘不愿意听我的劝告，多数女孩也都不愿意听这样的劝告。我可以理解，当我们万分痛苦的时候，只有那些心灵鸡汤才是止痛的速效药。但要彻底解除痛苦，我们必须吃药。良药苦口，感情的大实话你敢听吗？

事实上，那些伤害别人的人的确会感到内疚，可内疚不一定让他改过自新或学会珍惜。有相当一部分人会选择继续伤害别人，进而再把伤害这个行为合理化，让它成为一种习惯。从此他们在伤害别人时就再也不用受内疚的折磨了。

就这样，我们教会了别人如何伤害我们，我们宁愿被别人伤害，也不愿伤害别人，多么温柔而优秀啊。可我们不能总是逃避关系中的矛盾，不能总躲在宽容背后，不能因为害怕关系的失败而一味地原谅那些伤害我们的人。那些被你原谅的人只会变本加厉地伤害你。我们应该打破这个恶性循环。

那要怎么做呢？心理学中，斯金纳的操作性条件反射理论给我们提供了方法。

在斯金纳的理论中，**如果你需要制止一个人对你的负面行为，**

就要使用惩罚机制，惩罚包括正惩罚和负惩罚。

正惩罚就是给予一个人他不喜欢的东西以减少他的行为的发生。当我们受到虐待时，最好的方法莫过于当场还击。然而，现实中欺负我们的人往往都是比我们强大的人，很多还是亲人。正惩罚也许能阻止伤害的发生，但也会让我们付出更大的代价。

负惩罚是减少他人喜欢的东西以减少他的行为的发生。所以，负惩罚就是我们遏制别人伤害我们的不二选择。比如妈妈常说，如果你总是跑出去玩，我明天就不给你零花钱了。不得不说，妈妈这招很管用，为了零花钱，我们只能乖乖地待在家里了。

负惩罚的实施需要两个条件，一是要有足够的智慧去了解到对方想要什么；二是要有足够的勇气面对敌人。在小说《三国演义》里，刘琦被蔡瑁逼得陷入绝境时，诸葛亮献计刘琦，让他放弃在朝堂上与蔡氏一族的对峙，转而驻守江夏。后来因为这个策略，刘琦保住了自己，蔡瑁也碍于刘琦的威胁没有提前杀掉刘表。也正是这个建议，最终挽救了荆州，也挽救了刘备集团。电视剧里，诸葛亮有句话很有价值，他对刘琦说：“蔡瑁虽为上将，实际蠢如猪狗，他最想要做的事莫过于篡权夺位。不管你在荆州怎么样地隐忍，怎么样地向后妈示弱，怎么样地向父亲祈求都已经无济于事了。你唯有离开荆州去江夏才能保护自己，遏制住蔡瑁的野心。”

诸葛亮帮助刘琦做了一个很好的负惩罚示范。**从技术层面上来说，负惩罚不难，难的是这里面有个重要的事情，一般人很难办到，那就是感情割舍**。或者说，你要放下面子去惩罚那个伤害你的人。比如，我让你不要打电话给那个已经开始怠慢你的人，开始的时候，你真的很难做到。

我们总是习惯性示弱，不断地隐忍、不断地祈求。当我们陷入工作的困境时，经常会感觉自己快要撑不下去了。老板或负责人对我们很刻薄，我们不敢说出来。如果你长时间地深陷这种困境，而且无力改变，那么你应该放弃当下的环境，至少应该立刻寻找新的出路。我知道这个建议很好，可实现起来却很难。我何尝不知道数以百万的大学毕业生正面临失业。但无论是工作还是感情，一旦它伤到你并且已经到了一发不可收拾的地步，你就必须挖掉这个“毒瘤”来保护自己。

很多时候，我们总是走得太快，却又明白得太晚。比起甘冒风险地改变，我们更愿意装作无所谓地活着。

忍让，换不来友善。最好的友善，不是“求求你不要打我”，而是“你敢打我试试”。

那些明白了“忍让，换不来友善”这个真相的人，不会再浪费时间去思考我是否要原谅伤害我的人这个无聊的问题了，因而也就不会因为受到不公正的对待而感到痛苦。他们不会用看言情小说和肥皂剧的方法来逃避现实，不会等待一个永远也不会到来的“对不起”，更不会回避思考人生。他们会选择健康、现实的方式继续生活，尽量让生活绚烂、丰富。这些坚韧的灵魂会将内心的痛苦放在一旁，积极改变，尽可能阻止他人伤害自己。他们比那些死守痛苦、不断沉迷于过去的人要坚强得多。

公平对待他人，然后不断提醒他们，直到他们也公平地对待你。

先付费才关注的爱，我不买

1

时常听见我的读者跟我诉苦："别人为什么这么对我？我明明付出了一切。"

有一个事实，我平时不愿意告诉他们：你的妥协和没有底线的付出正在向别人传递一个信息——他可以控制你。所以，是你教会了别人怎样伤害你。

有些人对你的爱是需要先付费的。遗憾的是，遇到这样的人，即便你为他倾家荡产也换不来他对你的爱。

前天，我接到一个陌生电话，是一个已经十多年没有联系过我的小学同学打来的，我称他为W君。我们之间的寒暄还没有超过三句话，W君就直接切入主题地说："愚，听说你混得不错，是大学老师，最近还上了电视。我有个小忙想让你帮我一下。我表弟的中考成绩很不好，他父母一直想让他上一个好点的中学。天下父母心嘛，你理解的。我认识的人里只有你是教育行业的，所以我特意来找你帮忙。”

我问他想让表弟上哪所学校，他说想上师附中，如果不行，市一中也行。

如果是面对面说话，我会一耳光扇在他脸上，然后问他：“这叫小忙吗？”

即便我是教育局局长也没有权利办到啊！

我强压住内心的不满，然后隐晦地告诉W君，想要得到好的教育不一定非要去名牌中学，家庭教育更为关键。

“别和我打哈哈，我知道在这两所中学里肯定有你认识的人，如果你还当我是朋友，就赶紧帮我想想办法！”W君瞬间变得盛气凌人。

他终于激怒了我，我二话不说就挂断了电话。他又接二连三地打来，我果断地把他拉进了黑名单。

我在教育行业的确认识很多人，而且和不少人都有着不错的关系。那也不能因为我们是同学，我就必须帮助他吧？而且我认识的这些人里也没有人能帮到这个忙。退一万步讲，即便我有这个能力，能够请人帮到这个忙，我为什么要帮一个十年来一直音讯全无，直到有事相求时才来联系我的人呢？还敢用“如果你当我是朋友”这种话来要挟我，他强人所难的时候当我是朋友了吗？

母亲见到，劝慰我说：“你们小时候关系不错，要不你想想办法？”

我告诉母亲，我不是薄情的人。也许我可以和他一起想办法，但他用“如果你还当我是朋友”这种话来要挟我，我绝不会买账的。

先付费才关注的爱我不买，我的人生由不得别人来支配。

2

有时候，别人对待你的方式，完全是由你来决定的。你的行为让他们觉得你可以被他们支配，一旦这种方式奏效，他们便会持续地使用这种方式来对你。

部门的同事对你颐指气使，把本来属于他的工作全部丢给你。你稍有不慎，他便大发雷霆地骂你。你心中充满了委屈，但还是告诉自己，只要你尽力把事情做好，以后他会对你好的。

你的恋人常年不回你电话，每次打过去，他都说他在忙。每当你想生气责怪他时，他就告诉你，如果你爱他，你就应该理解他。

假如你有位舍友很自私、很自我，非常难相处。一旦你和其他舍友向她提意见，她就会摔门而去，出去时一把鼻涕一把泪。你们说的话稍微重了点，她就会说："你们再排挤我，我就死给你们看！"

像这样的人，就算你永远忍让他，对他好，他也不会领情的。

他们会不断地把你带向一个逻辑：只有你为我付出，我才能对你好。而实际上，他对你的要求会永无止境，你永远也无法让他感到满足。

这一招的创始者是你妈妈，她在你很小的时候就喜欢对你说："你要是不按照妈妈说的去做，妈妈就不喜欢你了！"当然，那时候妈妈这么做是为了让你听话，是为了你好。可有些人会利用这套逻辑来控制你。

你经常安慰自己，你是迫于无奈才去应付那些强人所难的要求的。其实不是，你心中的真实想法是你愿意被他们支配。

原因是你的潜意识会觉得你可以不再为自己的行为负责了。如果你的人生越过越糟，那一定是命令你的那个人导致的。因为他很强势，你敌不过他，你拿他没有办法。

以上这些就是付出感爆棚的人真实的心声。他们在受到伤害时会这样安慰自己：“我是多么高尚的一个人，我奉献了自己全部的爱，最终却换来了一个白眼狼。亲朋好友们，赶快来安慰我吧！我还可以把这里面的故事讲得再戏剧一点，以便让那些听故事的人更多地怜悯我。”“算了，就让他继续这样对我吧！如果我违背他的意愿去做事，可能会遇到可怕的后果。在这个竞争残酷的社会里，让我独立思考，还要为自己的行为负责，我想想就害怕。”

醒醒吧，弱者永远也换不来世界的关注，你完全有能力思考你自己该干什么！请去除你心里情感依赖的枷锁，挣脱出那些束缚。一个人想要获得自由，经济独立很重要，精神独立更重要。

不要再说：“别人为什么这么对我？”而要说：“我做了什么让别人这么对我？”

我在贫困地区支教的时候，一个采药的老人给我讲了一个故事。

故事的大意是，你在上山的过程中如果看到有小熊在树上，你一定要躲开它。因为这是小熊在完成它的“成人礼”。熊妈妈强迫小熊上树后，便会一言不发地离开。小熊要自己学会爬树，自己学会寻找食物，然后根据熊妈妈留下的气味找到熊妈妈。熊妈妈通过这种方式告诉小熊，不要依赖妈妈，要学会独立生活。

熊妈妈其实并不会走远，它会隐藏在某个地方高度紧张地盯着小熊周围的一切，如果你接近熊宝宝，它会不假思索地向你发动攻击。

我发现，熊妈妈的爱才是真正的爱。**爱是给予对方一种心理上的支持，一种让对方成长的力量，而不是无止境地控制，让对方在被控制的过程中消耗内心的力量。**

当你有足够的自信时，请对那个总让你付费的人说“不”！告诉他，你不需要他这种付费的爱。假如他真的在乎你们的关系，他就要学会为你着想，甚至为你分担。如果他拒绝，你就可以迅速结束这段关系了。不管是哪种关系，用这个方法都有效。

也许你会遭到父母、亲友、同事的反对，但请记住，你没有义务牺牲自己来哄别人高兴。除了你自己，谁也不能控制你。只有意识到这一点，你才可以真正享受到人际交往的乐趣。

爱是一种关怀而不是一种支配。**如果你真的爱我，就请先给予我你的爱，之后我会加倍地爱你。如果要我先付费你才会爱我，那我坚决不买。**

爱情只看选择不看实力

别怕，说不定你想要的爱情就在与你擦肩而过的一瞬间出现了。

1

我怕我这辈子都遇不到真爱了！

相信有一半以上的读者，心里都曾有过这种感觉。在这个提倡自由恋爱的时代，我们反而找不到真爱了，这真是莫大的讽刺。实际上这种感觉从我八岁开始就有了，到现在已经十几年了，而且这种感觉就快得到印证了。

对真爱的理解有很多种，这里我给出一个最基本的解释，所谓真爱，应该是，我爱着你的同时，你也爱着我！

如果对方回复一个“嗯”，你还继续陪他聊，而你回复一个“嗯”，谈话就没有下文了，我相信，这一定不是真爱。

活泼单纯的柚子姑娘曾经对我说：“我对这个世界的看法很单纯，我长这么大连初吻都没有献出去过。当年我看着身边那么多人早恋，真怕自己会沦落到孤军奋战的地步。”

柚子姑娘很漂亮，可她至今没有男朋友，原因我不得而知。不过我知道，她曾经深深地喜欢过一个男孩，可结果却是无疾而终。我想，那个男孩应该没有她期待的那样爱她吧，否则他不会让她伤心至此。

大学里有很多女生，在恋爱初期就要求男生上交他的身份证，用这种方法来判断男生是否真心爱她，理由是方便登记结婚。如果男生愿意把身份证给女生，就说明他随时都愿意娶她。

听完这事我笑了，如果对方真要和你分手，他补办一个就行了！另外，愿意和你结婚就代表他一定是你的真爱吗？

那些早早结婚的“80后”“90后”，他们婚后的生活幸福吗？婚姻状况怎么样，你了解吗？

我的朋友L君是一位学者，从五年前他就开始做一项研究。研究的核心内容是，如何用心理学来判断两个人是不是真爱。他在昆明选出了一百对新人，在接下来的五年里，他将对他们的婚姻状况进行跟踪调查。在他选取调查的新人中，年龄、职业、家庭背景等因素均分布得很合理。也就是说，他的研究方法是可信的。

五年后，这一百对新人中，已经有三十对选择了离婚。还有近三十组家庭的婚姻已经处于勉力维持的地步，真正幸福的家庭少之又少。

换句话说，我们身边那些早早就结婚的“80后”“90后”并不是都找到了各自的真爱。

事实上，大多数人一辈子也遇不到自己喜欢又喜欢自己的人。什么年龄段都有人闹离婚，年龄很大还在闹离婚的人不比年轻人少。很多人至今还在维持着名存实亡的婚姻，仅仅是为了顾及孩子或者家庭名誉。

导致两个人离婚的原因到底是什么？答案同样让人难以理解。

相关媒体在对离过婚的人进行采访时发现，出现频率最多的词便是——手机。不知道从什么时候开始，我们就离不开手机了。手机甚至已经取代了亲人、爱人和朋友，成为我们最好的陪伴。我们多年牢固的感情在手机面前变得不堪一击。

手机是如何阻碍我们获得真爱的呢？

访谈记录中显示，无论受访人是男性还是女性，在被问到离婚的原因时，都说过这样的话：

“打他手机没人接！”

“他不回我信息！”

“他不给我看他的手机，一定是跟另外的人在搞暧昧！”

“我看了他的手机，他居然还在跟前任联系！”

我和L君原本都以为导致他们离婚的主要原因应该是双方父母、经济或者是其他一些价值观方面的问题。如今这个结果真的让我们难以相信，很多个夜晚，我躺在床上思考着这个问题。

我的最终结论是，我们这一代人的爱情正逐渐走向破产，手机不过是一个导火索。手机背后隐藏着复杂而深刻的问题，最明显的一点是——我们普遍都是爱无能，这让我们没有办法找到真爱。美女、帅哥这种稀缺资源都集中在少部分“聪明人”的手里，大部分人都在谈着“将就”的爱情，过着“将就”的婚姻生活。

L君和我的观点完全一致，只是传统的心理学家们很难接受这个观点。然而，越来越多的现象表明，我们的研究结论是正确的。

2

缘分太浅、交际圈太窄、性格内向不擅言谈、对初恋念念不忘等，这些基本上都是找不到伴侣的借口罢了，一个人最终被剩下的真正原因是：

比你强的看不上你，比你弱的搞不定你。

活得太中等容易孤独一生。

其实我们要想找到真爱也挺简单的，归根结底就是**活得精彩些，让比你强的人看得上你；活得温柔些，去接纳比你弱的人。**

谈恋爱不必分强弱，只要彼此真正在乎对方，再大的现实反差也可以通过不断地磨合来改变，在无数次的碰撞之后两个人会变得势均力敌。

情圣君的恋爱秘籍里有一招叫“失去刺激法”。假如你和心仪对象的感情正在升温，而对方却始终不愿意接受你成为男（女）朋友。这时候你就不要再死缠烂打了。你需要离开一段时间，以此来刺激心仪对象。

“这样做会不会不太好？”我这样问情圣。可听完他的解释，我觉得他的话也不无道理。

“面对爱情我们都太蠢了，有时候真爱来了还浑然不知。只有当他意识到他快要失去你的时候，他内心的某种东西才会被激发，然后向他发出警报：他是真心喜欢你的。”情圣君解释道。

“那要是对方真的就这么不理睬你了呢？”我接着问。

“那你就真的离开他吧！”情圣接着回答。

情圣就是这样用“失去刺激法”让对方低下了高傲的头颅，让自己与对方在爱情中变得势均力敌的。

很多人失恋后会不停地看鸡汤文，听信那些连生活经验都没有的“人生导师”总结出来的“爱情原理”，把自己单身的原因分析得头头是道，再“脑补”出一个感人至深的爱情故事，最后得出一个结论：自己这辈子再也找不到真爱了。

想要找到真爱，你要马上行动起来，而不是永远处于准备状态。当你对一个人产生好感时，就立即接触一下他吧！因为人的想法是随时在变的，有多少等待就有多少犹豫，越犹豫就越容易放弃。**正因为你宅，所以你才会剩下；当你感觉到自己已经被剩下的时候，你就会变得越来越宅。**

所以，不要再认为自己这辈子再也找不到真爱了！我有一种预感，你今年就可以脱单了，相信我。

别傻了，这才是你单身的真正原因

1

上大学那会儿和情圣君一起吃饭，我们谁也不敢带女朋友。因为不管你和女朋友感情有多好，她只要一见到情圣就会自动被吸引，你们分手的概率极高。

有一次我忍不住问情圣君：“为什么你对有男朋友的女生会有这么大的杀伤力？你能有点节操吗？”

情圣笑着回答：“愚，你不明白，**越是有男朋友的姑娘就越容易追到手。而且你只需要比她男朋友优秀一点、温柔一点就行。相比之下，没有男朋友的姑娘却很难追，因为无论你有多优秀、多温柔，你都很难打败她心中的完美男友。**”

当时我并不理解他说的话，后来我渐渐明白了。**这个时代的女生，无论颜值高低，择偶标准都是很高的。这些剩下来的女生并不**

是自身条件不好，而是不愿意将就。于是，在通信技术如此发达的时代，结婚却愈发困难了，剩男、剩女遍地走。

在一次大型讲座上，我说到过这些问题，很多姑娘反驳我："周老师，没有的事啊，我们的要求并不高啊！"

在这个数百人的会场里，我做了个小试验。我对在场的所有女生说："你们当中有谁要求未来的如意郎君有奋斗精神的，请举手！"

在场的所有女生几乎都举手了。接着我又问全体男生："你们当中觉得自己身边的男生有超过一半是具有奋斗精神的，请举手！"

只有寥寥数人举手。这个现场试验的结果表明，绝大多数女生都要求男生有奋斗精神，但是在男生看来，身边的男生很少具有奋斗精神。

我为什么不直接对男生说："你们觉得自己有奋斗精神的，请举手！"因为很多男生都觉得自己很努力，假如我这么问了，那所有的男生都会举手吧。可在外人看来却并不是这样。

真正有奋斗精神的男生应该不到一半吧，至少不是全部。那就说明，至少有一半的男生不符合女生的要求。

最后我对在场的所有人说："**奋斗精神便是姑娘们的最高要求，**

女生大都很看重这一点，可在男生眼中这绝对是奢侈品。”

当然，如果女生的择偶要求仅仅是这些的话，那么大龄单身女性就不会有那么多了。男生只具有奋斗精神还不够，他还要同时具备帅气、温柔、懂音乐、懂金融、会写诗、会三种以上体育运动，在姑娘遇到危险的时候能够瞬间跑来救她的优秀品质，但是在现实生活中，兼具以上所有这些优秀品质于一身的男生基本上没有。更可怕的是，我们的好邻居大韩民国还在不断地通过偶像剧来提高女生的择偶标准。

2

也许，这早就不是男权社会了。虽然社会上大部分领军人物依旧是男性，可真正的中流砥柱却是女性。

研究生中，男女比例一直不均衡，导师都想多招点男生，可考上大学的还是女生偏多。最后这些导师们的希望只能落空。

在公务员人群中，女性的比例也很高。很多时候一旦某个岗位的女性请产假，整个部门都要停止运作。单位冒着被说性别歧视的风险招一个男生来，可男生往往又很不争气，单位也只好作罢。

近几年来，不管是文科还是理科，高考状元始终都是女性居多；

学校图书馆里刻苦学习的绝大多数是女生；各大阅读平台和知识分享群中，女性是绝对的主力军。我想不明白，知识就是力量啊，男生们为什么不努力学习呢?

虽然这个社会的顶尖人物大多都是男性，但顶尖人物的伴侣往往都是出色的女性。她们一边帮助丈夫的事业，一边教育孩子，协调家庭关系，这是非常不易的。

大部分男生都到哪儿里去了呢?

有一部分男生奋战在游戏里，他们认为女生虽然好，可不能天天陪他们玩。

我真想对他们说："快醒一醒，你在游戏里立再多的战功也无法改变你失败的现实。你将来要怎么养活自己的老婆和孩子？"

还有一部分男生整天痴迷于美女直播，每晚都在直播间里疯狂地打赏，把自己的钱都给了女神。他们身边也不乏好女孩，可他们总觉得那些女孩都没有女神漂亮。

我真想对他们说："醒一醒吧，屏幕对面的女神给不了你未来，关注一下你身边的那些好女孩吧！"

年轻人就不能互相关注一下对方，试着恋爱一下，让彼此都积累一点恋爱经验吗？恋爱不是升级打怪，让男神、女神相互厮杀去

吧，这些都与你无关。

3

雪姑娘告诉我，她曾经幻想着自己是古堡里的公主，期待着有一天王子能骑着白马、拿着宝剑杀掉门口的恶龙来拯救她。然而一晃十多年过去了，王子还是没有出现。一打听，原来王子正陷在刚出发的第一条河里叫“救命”呢！于是公主怒了，把长裙一撕，捡起脚下的树枝杀掉恶龙，翻过群山、越过沼泽，历经千辛万苦去拯救王子。

其实，有这种幻想的姑娘不止雪姑娘一个人，很多女生都会有。

我真的很担心，数年后，姑娘们会越来越努力，男孩们却越来越颓废。美女这种稀缺资源最终会集中落在那些少有的奋斗青年的手里。大部分的姑娘会走向越努力就越是嫁不出去的恶性循环中。

我认识一位女学者，她研究女性情感已经很多年了，她对我说：“女性从内心深处是不想让自己比男性强的。比起受人敬仰的女王，她们更愿意做一个受人呵护的公主。”

然而，姑娘们越努力就越难找到这个比她坚强、比她努力还能够呵护她的男生。

有朋友说，嫁人不一定就是姑娘们的最终归宿，也许嫁不嫁只是一种形式。

圣典上说，女性的子宫是一个圣杯，女性的母性决定了她们天生就有一个潜在的任务——孕育出一个强大的生命。因此，**姑娘的一生，绝对不只是要让自己变强，更要培养出一个优秀的男人。**

怎么办呢？一方面，我希望姑娘们能适当减少一些择偶要求，至少不要以韩剧里的男主角为参考标准。我知道，每一个姑娘都不想将就地过一生，她们需要有那么一个人能打开自己的心扉。她们希望自己是因爱情而嫁给一个人。如果让她们越过这一过程而直接走向婚姻，那么这段婚姻迟早会出现问题。

另一方面，我希望男生能努力学习，努力奋斗，多面对现实，从而让自己变强。

姑娘们在变得优秀的过程中还要记得一件事，把视线从都教授、宋仲基那儿移开，在让自己变强的同时，试着发现一些潜力股，分出部分精力来培养一个与你有进一步发展的男性，让他也变强。也许那个在屏幕后面码字的程序员可以是你的最终归宿，可能他此刻又穷又软弱，但如果你留意一下，他找BUG时专注的样子可能是你一生中见过的最美的风景。

不是优秀了才强大，而是强大了才优秀

对于大多数人来说，六月不仅有雨，还有高发的抑郁症。

柔姑娘失恋了，她留言给我：老师，我一定要变得更优秀，让大家都喜欢我。

乔同学面试失败了，他愤怒地告诉朋友，他将来一定开公司，然后把这家垃圾企业整垮。

期中考试结束了，小明的成绩没有小红的好，老师在课堂上当众表扬了小红，小明暗下决心，他一定要造一艘巨轮，当世界被洪水淹没的那一刻，他一定不让小红上船，并且他还要让老师向他道歉，否则就把他丢进水里。

类似于这样的想法我们每个人都有过。

有一句话大家常说："过去的你对我爱理不理，将来的我要让你高攀不起。很多人认为这种观念能激发自己不断地去努力，永远保

持积极向上的精神。”

可这其实是一种错觉，这些看似积极的观念，实际上是在教人向生活妥协。总想通过努力让自己变得强大再让别人高攀不起的人多数是自卑的。

如果我足够强大、足够自信，你理不理我，都不会对我产生任何影响。

1

读研究生期间，有一位老师非常鄙视我。因为我在上大学时曾一度沉迷于网络游戏。那时候的我确实很糟糕，并且很少去上他的课。他经常当面对我进行人身攻击，扬言要向学校举报我和我的导师。其实，像他这样总是看不起别人的“大牛”，在业内比比皆是。

我生气极了，但为了不给导师增加麻烦，在学校里我总是选择克制自己的情绪。我想着有一天等我毕业了，一定要努力做出点成绩，让这个老师对我刮目相看。

毕业五年后，与同一批次的毕业生相比，我不仅是优秀的，而且是佼佼者。我用自己的行动证明了我导师的眼光没有问题。某一天我忽然想起了那位鄙视过我的老师，怀着善意我加了他的微信。

然而接下来的事并没有像我想象的那样发生，我进行了简单的自我介绍，他依旧轻蔑地对待我，还嘲讽我。五年来，我取得的成就在他眼里全是“垃圾”，我写的东西都是“脑残”者的最爱。他说我没有资格同他讲话，之后还把我拉黑了。

随后，我微信公众号里就有几个读者取消了对我的关注，他们在后台留言：“看过你写的文章，本来觉得你是个睿智的人，谁知道你在我们老师眼里竟然是个‘败类’。”

我发现我错了，我根本不应该再去联系这位老师。假如我变优秀了，不喜欢我的人就会喜欢我了吗？不会。即便我仍旧一身缺点，喜欢我的人就不喜欢我了吗？同样不会。

我们有时真的好蠢，总是喜欢到别人的世界里体验沉浮，总是和别人开启一些莫名其妙的情绪战争。

这位老师拥有看不起我的权利，他完全可以无视我的改变，这是他的自由。

“我优秀了，别人就会尊重我。”其实是一种以自我为中心的自卑。

首先，你并没有别人口中所说的那样差劲，你不通八国语言，也不美若天仙，但你有一颗热爱生活的心，你的世界不需要别人来指指点点。

其次，你没有和任何人签过一纸协议，上面规定只要你优秀了，他们就必须尊重你。至尊宝变成齐天大圣时，依然有人骂他。《火影忍者》里说，并不是成为火影的人就会被大家所认可，而是被大家所认可的人才能成为火影。

2

无论在哪个论坛，自我提升类的话题都是非常引人注目的。比如“只要你瘦下来，世界就会是你的”“单身是最好的升值期”。一旦你有不同的声音，别人就会斥责你“负能量”。我理解大家，是现实对我们太不温柔了，所以我们才如此期待美好。

但优秀或者升值并不能解决一切问题，我身边真正优秀的人，他们所面对的问题反倒更多。之所以他们没有哭天喊地，完全是因为他们的内心足够强大，强大到能去面对一切困难。**那些脆弱的人最后都过得很糟心，甚至因为太脆弱而始终无法变优秀。所以，不**

是你变得优秀了才会强大，而是你内心强大了才有可能变得优秀。

老杨是我曾经的舍友，毕业后他选择到大城市去打工，前几年刚回来。他已经是一个多金的小老板了，有一辆奥迪和一辆宝马。

他找到了当年拒绝过他的女神，并再次向她表白，结果女神再次拒绝了他。

女神说："我喜欢愚那种有高学历、能写得一手好文章的人！"

其实女神根本不喜欢我，她只是拿我当个托辞而已。

因为这件事老杨和我绝交了，他在多个场合骂我是"穷鬼"。为证明自己比我强，老杨花天价报了一个考研补习班，毫不犹豫地把目标学校填成了北京大学。三个月后，成绩下来，老杨距离录取分数线还差着五十分。

我听到这件事时，老杨已经抑郁半年多了，我颤颤巍巍地打电话告诉他："我和女神根本就没有来往。**有一种成熟叫'不要为难自己'，它比学历重要一百倍。**"

爱情这件事从来都只看选择，不看实力。纵使你有最高的武功、最多的财富，你也不一定能打动对方。

要想赢得女神的青睐，老杨不需要高学历，他只需要暂时断掉和女神的联系，然后去重找自我，并争取赢得身边女性的好感。当内心变得足够强大时，他便不再需要看女神的脸色行事了，那时的他才具有吸引女神的资本。

那天我们通话快结束时，我告诉老杨，有个喜欢“穷鬼”的姑娘还等着我。

3

总觉得自己弱小，结果用力过猛。你满怀信心地准备超越你的敌人，殊不知你完全掉进了一个名为“评价”的陷阱里难以自拔。当你把自己有限的资源丢进一场本不该开始的战争时，你所臆想的胜利就只存在于你生活的美图秀秀中了。

你要强大，而不是优秀。或者说，如果你能真切地感受到，如此low的你也还能被大家喜爱时，你才可能真正去除心理的自卑，你才能稳定地优秀下去。

所谓强大，就是任何事都无法破坏你内心的平和，你需要接受目前这个不完美的自己，按自己的节奏缓步前进。

没钱时，勇敢地去爱吧！

口语很烂时，勇敢地对外国友人说“你好”。

每天做一点就好，一点点就行，做得再烂都没关系。

如果把人生比作游戏，我不想在我打通关时才去挑战各大BOSS，更何况我可能永远也没有打通关的那一天。之所以我还敢在这个“开挂玩家”遍地的社会里活下去，完全是因为我在任何时候都不会放弃“拔剑”的机会！

学会艺术地拒绝为难我们的人

1

每个月都会有同事结婚或者朋友的孩子满月，光份子钱就足以让我们的生活黯然失色；各种乱七八糟的亲戚天天上门借钱，最后欠钱的反而成了大爷；讨厌的同事常把自己该做的工作推给你。你没日没夜地完成后，不仅得不到他的一句“谢谢”，他还把所有的功劳都揽在自己身上。

我们都得过一种病，叫作“不好意思拒绝别人”。

因为在我们潜意识里，总认为拒绝了别人就意味着要失去这个朋友。实际上，当我们最终无法实现对朋友的承诺时，我们才真正彻底地失去了这个朋友。而那些总喜欢为难你的人，从一开始就没有把你当朋友。

但当我们拒绝了那些人之后，他们势必会在朋友圈声讨我们，说我们是如何“薄情寡义”，如何“让他心寒”的。这些不实的谣言会让某些真正值得深交的朋友对我们望而却步。

学会拒绝吧，别让不好意思害了你！

有网友说，在单位里要厚道，别整你那些小聪明，老老实实做人才能得到大家的喜欢。抱有这种想法的人其实都是在等一个永远不会到来的感谢。每个单位里都会有“耍小聪明的人”，往往就是这样的人才能在工作中如鱼得水；“大智慧的人”却整日为应付“耍小聪明的人”而筋疲力尽。

我开始对那些“大智慧的人”产生深深的怜惜，他们是一群善良到没有原则的人，付出那么多的辛苦，只为换来别人的一笑。你说他们“小聪明”也罢，“不厚道”也罢，他们都可以忍受。

我们必须学会艺术地拒绝为难我们的人，让我们的生活不要再断尾求生。

在那热播剧里，男神被女神拒绝了很多次，但女神的拒绝并没有让她永远失去男神，反而让男神对她的爱更坚定了。**能够很好地拒绝别人，有时候也能体现出你的人格魅力。**

2

我们经常会遇到这样的状况，别人向我们提出请求时，我们想拒绝但碍于人情又难以拒绝。在此我可以教你一个应对的技巧。

例如，领导叫你去参加下午的会议，这时你正在忙一项工作，实在抽不开身。但这位领导是那种你稍微不顺他的意，他就会勃然大怒的人。此时你非得服从他的命令不可。你可以按照下面的方法去回答他，既不会惹他生气又能很好地拒绝他。

“知道了，但是我想先完成明天的企划书再去参加下午的会议。”

你这样一说，领导会不知不觉地说出：“啊，你好像很忙。那叫小李参加好了。”这就是“但是”“不过”“然而”这些表示转折的词能起到的作用。

如果你直接说“我很忙，不能参加会议”，恐怕会惹领导生气。可通过使用“但是”这个词，你既不会惹恼领导，又能让他自然产生一种“啊，这家伙好像很忙”的感觉。此时，领导的潜意识会得出这样一个结论：“他不先完成企划书就不能参加会议。”但是，他在意识中领会到的是：“他知道了，等他完成企划书后就去参加会议。”他的潜意识减少了因被拒绝而带来的愤怒。

利用了潜意识去沟通，特点都在于把想说的话用暗示的方式说给对方。有时候你自以为表达到位了，可实际上都是废话，别人根本没听进去。如果你换一种方式去表达，就会有意想不到的效果。**人毕竟是感性的，没有谁可以永远保持理性。**

电影《东邪西毒》里有一句台词很经典：从小我就懂得保护自己，我知道要想不被人拒绝，最好的办法就是先拒绝别人。善良不是对谁都好，更不是对谁都好得没有底线。

你不觉得吗？人生其实就是一场自己不能妥协，还要尽量让别人接受你的博弈之战。真正的情商高手有时候也需要说“不”。

CHAPTER / 05

真正的情商大师，不会轻易输给自己

谈恋爱时最吸引对方的一定是你的个性，

而个性中最吸引人的莫过于自信。

请立即放弃“绝望的成熟”

1

“愚，出事了，赶快删了你的文章吧！”接到死党L的电话时，他显得焦虑不安。

“怎么了？我要蹲大牢了吗？”我半开玩笑地问他。

“还笑，你的文章被‘有的人’看到了。自己的经历也敢往上写，你也真够有胆量的！”

“难道我们一辈子都要看‘有的人’的脸色行事吗？”我很清楚他所说的“有的人”是谁。

“你不懂，小不忍则乱大谋，一招不慎满盘皆输，被人抓到把柄你就完了！”L极力地劝我。

“谢谢你，我不删，让‘有的人’来找我麻烦吧！”我潇洒地回答L。

“愚，你实在是太不成熟了！”说完，L失望地挂断了电话。

我脑海里一直思索着L所说的“成熟”。**所谓成熟，难道是一种把命运交给别人来支配，然后恐惧地活在自己的小圈子里的绝望吗**？

小时候老师总对我们说，乖孩子上课是不能发出声音的，要听话，坐姿要端正，发言必须先举手。教室后面的墙上永远写着“严肃”两个大字。

“你看第一排的李雷和韩梅梅，不但成绩好，而且从来不会对大人有要求。大家要向他们学习。”

“老师，难道所有人都要一样吗？就不能有人活泼一点吗？”这时我插嘴道。

“谁让你上课插嘴了，去后面站着听，明天把你家长叫来！”说完老师一下子把板擦扔了过来，同学们开始窃窃私语。我仿佛听到他们正在说：“快看，那个愚真不听话！”

转眼十多年过去了，听话的李雷和韩梅梅并没有考上大学。虽然没有老师再来惩罚我们，但我们还是不敢“不听话”。我们在限定的框架里，小心翼翼地努力着。我们做不到出类拔萃，也不敢与众不同。当然，年纪大了，我们不能再把这种行为叫作“听话”了，于是就给“听话”换了一个好听的名字叫“成熟”。

这种成熟的言外之意就是：“别向前走，往前一步就是地狱！”

再通俗一点去理解就是：“别惹事，惹了事你担不起。”

这种成熟其实是一种绝望，就像契诃夫小说里的那个“装在套子里面的人”一样，我们害怕“出什么乱子无法收拾”。于是，困难还没有出现，我们就已经把自己搞得四面楚歌了。

有些人宁愿接受生活越来越糟，也不愿放弃这种“绝望的成熟”。因为他们可以用“绝望的成熟”来美化自己对生活的恐惧，进而说服自己放弃希望。相反，热情和勇敢被他们说成是幼稚、鲁莽和愚蠢。比如他们认为兼职就是不务正业，拉了姑娘的手就是耍流氓，稍微写了篇文章就是无病呻吟。

小不忍是会乱大谋，但我要是一直忍，还有大谋可以给我乱吗？

一招不慎是会满盘皆输，可我要是一招都不出，这局能赢吗？

随着年龄的增长，你会感觉身上的力量在一点一点地流失。没有恋人，没有优越的家境，甚至连一份体面的工作都没有。如果你一直以来都相信这种“绝望的成熟”，而它只能给你带来这些，你还相信它吗？

2

C姑娘开了一个网店，平时收入不错，可没过多久就在父母的强烈反对下关门了。他们的理由是“一个姑娘家经商会被人说三道四的”。C姑娘虽然是一个对生活有点想法的人，可骨子里还是那种相信“绝望的成熟”的乖乖女，最后只好按照父母的意愿，在医院当了护士。她每天都要面对无理的患者，经常被他们说三道四。我想，只有让自己变得强大，真正独立起来，你才能避免向生活做出妥协。否则，你永远只能对生活唯命是从。

P君是一个三十多岁的大龄未婚男青年，外表上显得很成熟。在看了无数篇有关成熟的鸡汤文之后，他对结婚这件事总结出了自己的一套理论：

首先，不跟自己最爱的人结婚，因为爱就是互相伤害；

其次，不要跟追你很长时间的人结婚，因为她很可能会变心；

最后，不要和价值观十分一致的人结婚，因为爱情是互补的。也不要和价值观相差太大的人结婚，因为门当户对是有道理的。

我真的很好奇，那还有什么人可以和他结婚？我愤怒地告诉他：**“怕什么，去爱！”**

P君就是被绝望击垮的人，已经是一个彻头彻尾的爱无能患者。纵然他有再多想要去爱的渴望，也不会有任何行动。因为他在内心里并不相信爱会成功。而真正具有爱的能力的人会这样想：假如我要爱，我克服一切也要爱下去！

其实，**让你绝望的并不是别人，而是你自己**。我们总是习惯看别人的脸色，却从不听听自己的心声。明明有一千条路摆在眼前，却说生活逼得我们无路可走。

请立即放弃这种“绝望的成熟”，它真不是一个好东西。表面上，它是为了保护你不受伤害而存在，实际上它却封锁了一切可以让你改变困境的可能。但我发现，有些绝望总是被当作成熟，像病毒，会传染，身边只要有一个人“成熟”，周围的人就会活力尽失，然后和他一样在恐惧中活得小心翼翼。

这样的成熟其实是与世界为敌，然而世界根本不屑于看你。

我刚开始准备在网络上发表文章时，我的父母和朋友都来反对我，这让我迟疑。我明白他们已经被生活彻底击垮了，可我觉得自己还有救。**其实，我每写一篇文章，都是在化解这种对绝望的恐惧，都是在找回自己当初的活力**。

本文开始时提到的打电话给我的L君，就是看完我发表的文章后特意来劝阻我的。他打完电话之后的第二天。“有的人”就给我发来信息说：“愚，我在一个微信公众号上看到了你的文章，写得很好，我转发了。你在下面支教很辛苦吧？要加油啊，坚持住！”

可能是我从一开始就错怪他了，也可能是我的努力让他改变了对我最初的看法，还有可能这些都只是他对我的一种表面上的客套。不过这些都不重要了，只要我一直这么努力地写下去，就会收获更多的快乐。

从此以后我不再需要领导的赏识，不再需要别人的认可，很可能会变成别人眼中的幼稚鬼。我要活出我的热情来，还要毫不掩饰地表达出我对生活的热爱和对美好的向往，让“绝望的成熟”去见鬼吧！

你无趣是因为你过度谨慎

1

心理学专家曾经做过统计，在我们的一生中，想要遇到一个完全符合自己品位的人，概率是极低的。三十岁前一个人如果能遇到两个这样的人，那一定是奇迹。即便是这样，又有多少人能把握住这两次机会呢？

事实上，我们很难把握住这两次机会。与真爱失之交臂的最重要的原因不是彼此之间身份、地位方面的差异而是自卑。

因此，在一切还来得及之前，你需要学习更多的沟通技巧，在机会来临时抓住它，让自己的人生少一些遗憾。

在经历了五十多次的相亲之后，椰子姑娘终于遇见了自己的男神。

相亲前一天，椰子姑娘看到了男神的照片，激动得一晚上都没睡好。男方不仅帅气，而且在金融行业里做高管，下班后常常写小说，还弹得一手好吉他。

椰子姑娘换上粉色的露肩雪纺短裙，长长的卷发披在肩上，层层叠叠的蕾丝点缀在美丽的裙子上，腰间的蝴蝶结可爱动人，一改她平日“女汉子”的形象。

椰子姑娘认为自己表现得不错，矜持且温柔，可相亲却失败了，介绍人传话说，男方觉得她“太普通了”。

椰子姑娘愤怒地撕掉了刚买的雪纺短裙，一边撕一边说：“以往只能是本宫嫌别人普通，现在居然有人嫌弃本宫普通。本宫装了一天的淑女容易吗？”

我提醒她，正是她所认为的“淑女形象”毁了这次相亲。她和我的一个朋友很像，他就是年轻的博导，大龄未婚男青年A君。他在相亲时和椰子姑娘一样，也是要保持形象，绝对不轻易开口。

既然已经被公认为男神（女神），他们一定有不少追求者。像橘子姑娘这种装淑女的策略对于他们一点用都没有。“你好帅”“你好漂亮”这种废话他们早就听得耳朵都长茧了。要想吸引他们，你必须要展示出你的本色与个性。

其实，所谓的“矜持”不过就是自卑，一种拜倒在对方颜值下的自卑。人在这种自卑的状态下很难展现真实的自己，难免会与真爱失之交臂。

还有一种情况，很多男女初次见面时往往聊不了几句就冷场了。因为两个人完全没有交集，后续便没有话题可聊，最后只能聊车、聊房、聊工作，这是相亲失败的开始。感情离不开物质但又不完全依赖于物质，这种聊法会给对方留下“太过现实”的负面印象。

那怎么做才能避免这种遗憾的发生呢?《非诚勿扰》这档栏目中的事例已经告诉我们答案了——使用罐装故事法吧!

罐装故事法就是把你人生中的某件事微缩成一个小故事，然后用极短的时间表述给别人!

2

我在贫困山区支教期间，曾经推荐过一位小学老师去申请马云乡村教育扶持基金的资助。资助金额是十万，申请资助的老师有四百多个，最终只选取二十名教师享受这项资助，竞争很激烈。

当地政府和那位老师准备了很多材料打算报上去，那些资料都是描述当地条件如何艰苦的。

这个地方确实特别贫困，但是单纯比穷是没有意义的。马云是个认真的人，他不会只看那些冰冷的资料，还会亲自面试筛选。所以，在这次评选中，那位老师要想获得资助的机会，她必须展现自己独特的一面。

我建议她把这些描述性的材料都丢开，想一个故事，一个让她感受最深的最真切的故事，时间控制在五分钟之内。

听了我的建议，她说了她为学生点灯的故事。虽然她表达得不是很好，但我从故事中感受到了她作为乡村教师的热忱和内心的温暖。

她最终被选上了，颁奖时马云对她说："你的故事打动了我。"

这便是罐装故事法的力量，连马云这样的终极男神都能被打动，你还怕打动不了你心仪的人吗？

我们总是因为害怕受伤而不敢袒露自己，总是以谨慎的态度对待我们的人生，最终失去了很多乐趣。乐趣只来自于真诚的分享和情感的互动。

过分的谨慎带来的是孤独。在这个时代，多双筷子一起吃饭的传统温情已经消失，大家都在朋友圈里秀人生，在一个虚拟的环境中进行情感交流，失去了当面接触的勇气。

3

下面我讲一个自己的故事。

有一次我和一位颜值颇高的女神一起参加邓超的见面会。互动环节，主持人说，请台下最漂亮的女生上来。我用力推女神，女神坚决不去。她觉得自己不够漂亮，上台会被别人取笑。最后被主持人请上台的女生的颜值远不如她。后来主持人说，请那些有特殊表现的人上来互动，可以赢得签名海报一张。有人拿出了皇帝帽，有人脱掉了上衣，有人举起了不许吸烟的牌子。我看了看女神，看得出她也很想要签名海报，可她又怕丢面子，依旧保持着矜持的姿态。于是我从兜里掏出一百块钱，高高地举过头顶。邓超看到我说："下面那个男生，你真无耻，虽然我们是商业表演，但你也不能只用一百块钱就想贿赂我吧！但是，你成功地吸引了我，上来吧！"就这样，我上了台，获得了邓超的签名海报。我丢下了面子，获得了奖励。

女神说："你脸皮真厚。"我回答她："脸皮这种东西我没有，为了变强我早就舍弃了。"

大家总是认为只有很传奇、很特别的故事才是好故事，而自己的人生很平凡，传奇又特别的故事他讲不出来。其实我们只需要在我们平凡的生活中寻找一些传奇的点滴就能打动别人。**一个没有故事的人，相当于一个没有存在过的人。**

可能你会担心，有人会利用你故事里的秘密来对付你。凡事有弊就有利，如果真是有人这样做，你正好可以通过此事来辨别身边的人哪些是值得你交往的，哪些是需要你立刻放弃的。害怕别人的嘴，就紧锁心门一辈子，那样很不值得。

即便是圣人，也逃不过小人的诋毁。**有些秘密的确不能与人分享，但你生活中有70%的事情是可以和人谈论的，更何况你只是讲给一定范围内的朋友听，而不是讲给所有人听。**

以下几类故事都太普通，而且很容易引起别人的厌烦。

“你知道吗？我昨天看见邓超了，他好帅啊，全场都在为他欢呼。”(省略后面的一万字。)

用这种方式去表达并不能让你展现出自己的人格魅力，也不能传达出你的人生观和价值观，你要展现的是你自己而不是明星。

“我告诉你，我家里有XX套房，XX辆车，我爹一个月就可以挣XX元，我妈认识XX！”同学聚会上我经常会听见这种无聊的话。

这就是我们平常所说的“嘴贱”的人，第一次见面就开始向别人炫耀他的人生。其实，没有人愿意听他的私事，这样讲故事不仅不能展现自己的优势，反而会让别人看出他很自卑。**因为一个人内**

心越自卑，就越喜欢在人前炫耀自己。

八卦故事的确能够快速吸引别人的注意，但是这种博人眼球的招数被过多地使用会让人感到厌烦。

所以，一个好的故事要包含三个要素：故事能展现你的独一无二，内容是平凡人生中的传奇，故事能够传达你对别人的信任。

在人际交往中，一个好故事顶得上千军万马。没有亲密感的分享和秘密的交换，就不会拥有真爱，也不会交到真正亲密的朋友。

在生活中，如果你不断地挖掘自己和别人的故事，你就会源源不断地获得情感的交流，你的灵感就会源源不断，你就经常会感受到不断有外来的力量注入自己的心中。

不仅是对你心仪的男神或女神，也包括家人和朋友，你要展现最真实的自己，不要把人生囚禁起来。去发掘你的故事，那样你才能清晰地看到自身的价值。最吸引别人的不是别人眼中的你，而是最真实的你啊。罐装故事法，你值得拥有。

恋爱中如何让自己得到异性的青睐

还记得小时候看过的《黑猫警长》吗？螳螂夫妇的故事告诉我们，最好的爱情就是把恋爱对象吃掉。这话虽然听起来有些夸张，但故事却给了我们一定的启示——**如果面对心仪的人你毫无自信，那这段感情是无法开始的。**

很多人选择在愚人节这天向心仪的对象表白，因为一旦表白失败还可以开玩笑地说——愚人节快乐，这样他还有回旋的余地。

不要再自欺欺人了好吗？你的心仪对象肯定知道你这是真表白，如果他拒绝了你，内心中就会形成一个定式：我已经拒绝过她了。以后即便他对你产生了好感，想接受你，他内心的这个定式也会拒绝你或者排斥你，它会成为你们之间的障碍。

基本上选择在愚人节当天表白的朋友都失败了！其中包括我的一个哥们儿。他在愚人节告白失败后感到很不甘心，于是决定在清明节那天再试一试。如果这次还是被拒绝，他就说自己是被妖孽上身了。

我无力吐槽。用蛮力去表白注定要失败。

爱情是讲味道、讲感觉的。永远要给自己留面子——像上述那种不自信的行为是永远得不到异性青睐的。

面对心仪对象你应该这样说：“我虽然长得难看，又没钱，还有一身坏毛病，但我有一颗永远呵护你的心啊，你愿意做我的恋人吗？”

此时你心中一定想着，男神会轻轻地用他强有力的臂膀拥你入怀，然后对你说：“宝贝，没关系，我就是爱这样的你！”

而事实上，此时男神心中的潜台词一定是：“既然连你都嫌弃自己，那这种没人要的‘地摊货’，我为什么要‘买’？”

谈恋爱时最吸引对方的一定是你的个性，而个性中最吸引人的莫过于自信。“谈恋爱最关键的莫过于脸和钱。”你身边十个人里有九个都会这样告诉你。可你仔细观察就会发现，持有这种论调的人在恋爱关系中多数都是失败者。他们把失败都归咎于钱和脸这种不可控的外部因素，其实是为了保护自尊心，结果让自己永远地困在了自卑的怪圈里。

姑娘你并不丑，少年你并不穷，请抛弃这种自卑的心理，让我

们在异性面前尽情地展现出我们人性中最美好的一面吧!

其实谈恋爱并不完全是为了获得一个男朋友或女朋友，恋爱是一个自我提升的好机会。恋爱能帮助你进一步理解人性的本质，而这一切恰恰隐藏在亲密关系中。

生活在浮躁的世界里，我们变得越来越急功近利，越来越看不清未来的方向。如果你想看到最真实的自己，知道自己最需要的是什么，恋爱是最好的导师。

有一个事实，你知道后会感到很惊讶。

这个事实就是——谈恋爱其实是不用表白的。你总是看到别人表白成功，其实是男女双方已经确立了恋爱关系之后，偶尔秀恩爱虐一虐你们这些单身汉而已。或者是双方闹了矛盾，冷战中谁都不愿意主动和好，于是一方就出演了这样一出精彩大剧给对方下台。

你弄错了表白的真正意义，表白应该是胜利时的凯歌，而不是进攻时的号角!

下面我说一说怎么表白最容易成功。

男生要表白就去约心仪的女生看电影，观影期间你不经意间拉起她的手，如果她不是猛烈地反抗，你就安静地握一会儿，想象她当时上下起伏的心情。然后问她："想知道男主角最后是怎么死的吗？"在她转过头和你说话的一瞬间，你可以直接亲吻她。

女生要表白的话技术含量要略高点，你需要约你的男神到湖边或者海边这种比较浪漫的地方。穿一身长裙，让海风吹起你的头发，让头发显得飘逸一些。尽量营造出浪漫而悲伤的氛围。你面向湖水，让眼神迷离而忧郁。然后讲一个小时候被人欺负的故事，要真实还要动情，体现女生的柔软和细腻。建议你在表白的头一天晚上对着闺密练一练。故事不要太长，要把握好重点和节奏。讲完故事后，你就可以泪眼汪汪地扑向男神了，最好是抱着他放声大哭。哭一会儿之后，你告诉他："不好意思，我今天失态了，也许你就是我内心中最信任的那个人吧！"

这便是恋爱中的大智若愚、大巧若拙。

这件事成功以后，你需要暂时消失几天，目的是给对方留点念想，让他这几天想着你。不要立即把自己放在对方恋人的位置上，要让对方琢磨不透你的行为。整个过程中都不要出现任何类似"我爱你"的字眼，这样的话留在结婚时再说吧，说了你就输了。类似另外一个原因是，你也需要平静地思考一下，你到底要不要和他开始这段恋情。**请记住，千万不要对一个人过度痴迷，万物皆为我所用，而非万物皆为我所属**。

别以为到了这一步你的恋爱就成功一半了，还差得很远呢。这个时候你要开始对你的恋爱对象进行“打压”。目的是为了调整双方在恋爱关系中的位置，让你们趋于平等。势均力敌的爱情才能走得长远啊。

此外，你还可以使用心理学中的“赋格”技巧。一个好的恋人不是找来的，而是培养出来的。别人口中刁钻而薄情的前任，到了你面前却乖巧得像只绵羊，而这个人格便是你赋予他的。

情人节，我们找个路人拥抱，可好

目前我国人口比例严重失调，适婚年龄阶段的男性较女性多三千八百万。按照这个结果，我们身边应该会有很多男性是单身。可事实却恰恰相反，现实生活中单身的主力是姑娘们。很多大龄女性一直单身，并不是因为对象难找，而是她们根本不想找。别再说十四亿人里你都找不到对的人了，你只是不想去找那个合适的人。

在中国，所有的节日都可以被过成情人节。单身的朋友们，秀恩爱的人是不会放过我们的，我们必须立刻反击。所以，在情人节这一天，不要再恐惧，不要再自嘲了，这一劫，我们是躲不了的。

怎样反击呢？我有个专业的建议，那就是——去找个路人拥抱吧！

近几年的情人节，我的好友A都把它过成了“情人劫”。我实在是想不通这位海归博士、副教授、年轻的博导是怎么把自己活成怨男的。我忽然想起一个细节，去年我陪他去相亲，我们去的是咖啡馆，他却向服务员要小锅米线。想到这里我好像找到答案了。

年过三十的A在工作中是个治学严谨的科研能手，临近情人节的一个月里，他的行为反常到了极点。最近国外有一篇关于反逼婚游行的报道，A教授针对逼婚这一社会问题写了长达2000多字的檄文，篇幅远超报道。他在檄文中不断强调一个事实，女人是拜金的、薄情的，爱情是功利的。我们不要着急恋爱，也不要着急结婚，唯有不断地让自己变得强大，我们才可以迎来美好的感情。

强大的确能让人应对很多难题，可是，唯独在爱情上，它未必有用。因为任何一种心理活动，都不可能被单一维度的事情所决定。

我不止一次地告诉过他，女人并不全是拜金的，公主也有罗马假日，她们的内心始终是追求浪漫的。女人的确喜欢有权有钱的男人，但她们喜欢的并不是权和钱本身，而是有钱有权的男人身上散发出来的自信。

这个道理，男女都适用。男生对女神的追捧也并不完全是因为对方有一张迷人的脸。他之所以称她为女神，更多的是因为她能为他带来精神指引。

无论你对男生（女生）有多温柔、有多专情，如果他（她）一想到和你在一起就觉得生活会变得无聊至极，那他（她）也很难对你产生兴趣。

要想收获爱情，你必须要经营好自己的人生，拥有属于自己的生活。

A不听我劝，他宣布放弃爱情，从此一门心思地扑在科研上。我感觉他既向往着爱情，又痛恨着爱情，我身边有太多这样的人了。

怪才心理治疗师Y专门为单身来访者解决情感问题。他自创的情景疗法在业内饱受争议，然而奇怪的是，找他解决情感问题的单身男女始终络绎不绝，无数大龄未婚青年的父母都视他为救星。

为了帮助A，我托了很多人才找到Y，Y对我很热情。我和他说了好友A的情况，Y捋了捋性感的小胡子，一字一句地说："想知道怎么治疗，今晚跟我走！"

晚上我找到了Y，跟他坐上出租车，他刚上车就对司机说了一句话，我当时就想跳车而逃。

"师傅，带我们去KD（本市最大的夜店集中点）。"

"Y君，我们不要这样好吗？我从来不去那种地方，我是来找你解决问题的而不是来玩的。"

"啊，我忘了，你是个道德模范，那我们换个地方。"

从出租车上下来，Y君领我走进一家装饰得很有格调的咖啡馆。他接下来的举动再次让我感到吃惊。

在离我们很近的地方坐着一对恩爱的情侣，Y君直接坐了过去，和那对情侣面对面。我打量了一下，女生长得还算漂亮，男生长得有点凶，手上有文身。

“你好，二位让我感觉很特别，我和我的朋友希望能和你们聊聊。”Y君看着那位男士说。他说话时脸色红润，态度很热情，丝毫不腼腆。

“你们是做什么的？”男士略带警惕地问他。

“我们就在附近上班，听说这里的蓝山咖啡不错。”面对男人的追问，Y君简单地搪塞了过去，并没有说明我们的真实身份。

Y君和他们聊了足足有一个小时，当他打听到男人是个投资经理后，Y君像是专家一样和他从纳斯达克聊到熔断机制。他几乎没怎么理过那个女人，只是中途变了个近景魔术，女人看得眼睛发直。

走的时候，我提议为两位新朋友买单，Y君阻止了我。这时候，男人提出买单，Y君潇洒地接受了。在男人去买单的时候，女人把手机递了过来，让Y君加她的微信。

回到他的办公室，我还在一遍遍地回忆他聊天的整个过程。对于Y的情景疗法，我似乎理解了什么，可又不确定。

“Y君，你这么泡一个有男朋友的女生，不怕被男方打吗？”我问Y。

“为什么要怕，我就没想泡她啊，我只是展示了我的价值。要知道，这个世界上，除了女朋友，还有很多人值得你认识，说不定就会遇到更适合你的人呢，然后你就可以把她发展成恋爱对象了。”Y回答。

我想起了我陪A相亲时看到的另一个场景，那天饭还没吃完，A就问相亲对象：“今年过节到底是去你家还是我家？”他说完这句话，女方就逃跑了。要成为恋人是需要感情基础的，相亲仅仅是一个开始，要想与对方有进一步的发展，你们必须要培养彼此的感情。

“你不怕旁边的人笑话你吗？我们这样招摇搞得自己像明星，我们哪怕用大学教授这个身份来掩护一下自己也好。”我接着说。

“剩下来的人往往都是条件不错的人。我很清楚，金钱、外貌与名气或许对恋爱有所帮助，但并非必要。长相远不如表达自我的方式重要，你只需要保持仪容整洁，穿着打扮能传达出迷人的个性就行了。在名利方面，只用展现你有很强的奋斗决心就行。”Y还是笑着回答我。

的确啊，A君的条件那可是不一般啊，可A君还是坚定地认为女人离开他是因为钱，也许这样能让他心里好受些。

“那你认为爱情到底是什么？”我问了最后一个问题。

“你不用明白爱情是什么，有人花了一生的时间去想这个问题，其实没用。你只需要大胆地去爱就行了，无论你遇到什么样的人，只要爱过，都是值得的。对于恋爱这件事，小的时候，我们有贼心却没贼胆。到了二十多岁，我们有了贼胆的时候，却一心扑在了工作上，没有了贼心。等到三十岁事业略有小成时，我们既有贼心又有贼胆了，却发现没有贼可以和我们恋爱了。你转头发现连那个从小就被你鄙视的隔壁班的小明都已经有孩子在打酱油了。”

听完Y君的话，我恍然大悟。我决定再也不在心理学的会议上抨击Y了，也许传统的人无法接受他的观念，可结婚越来越难这个事实已经逼得我们无路可退，我们必须要做出改变了。

爱情本来就是在没有准备好的时候开始的，不要等到你搞清楚过去之后再去行动，也许我们终其一生也弄不懂什么是爱情。

过度探究过去是没有意义的，探究过去是在拒绝今天，是懒惰的表现。在你追着过去不放的时候，刻苦努力的人已经成功地突破了他们现有的困境。

我再次想到，每次给A介绍对象，他都理由一大堆，要求一大堆，最后拒而不见。我想，他单身最主要的原因就是不想面对明天。

不要再纠结你为什么总是单身这个问题了，这个死胡同永远没有尽头，要立即行动，不要随时准备开始。

心理学中的具身化思维和行为主义也支持这样的观点，自我洞察和行动之间，自我理解和情绪控制之间并没有直接的关系，很多时候你的行为决定了你的思想而不是你的思想决定了你的行为。

表演艺术者通过现场的舞台训练克服表演焦虑，士兵们通过不断地实战演练来克服对战争的恐惧，他们都没有过多地探索自我。恋爱也是一样，在情人节这天，约上彼此有好感的异性朋友，一起尝试下发展彼此的感情吧。

恋爱这件事还是主动一些吧，如果以上这些你都没有，就找个路人搭讪，只要你表现得体而且带着交朋友的心情，我相信没人会把你当流氓。

真正的情商大师，不会轻易输给自己

1

小乖女神是出名的警花，她岁数是不小了，但长相年轻，身后各种“80后”“90后”的追求者络绎不绝。据说曾经有一名特警全副武装，从楼顶空降向她告白都被她拒绝了。

昨天，我和女神一起吃饭时，看到了这样一幕。

“好了，我在百大新天地和朋友吃饭呢！不和你聊了啊！”一顿饭的时间，女神就接了五个追求者打来的邀约电话，她不断地应付着。女神的魅力果然名不虚传。

她挂断电话还不到十分钟，快递员就送来了一大束鲜花，说是一位先生送来的。

99朵玫瑰啊，面对这一幕，我愣了很长时间。我突然反应过来，小乖在电话里无意间透露了地点，同时也透露了自己身旁还有别的异性。一定是追求者在百大新天地附近的花店订了花，然后让人闪电送来的。

这哥们儿真够虔诚的，这么搞怕是要花掉他几千块钱吧。

“小乖，你愿意做他女朋友吗？我都被他感动了！”我调侃道。

“那你去和他在一起啊！”小乖撇了撇嘴，“首先，我刚才在微信里问他，他居然说不是他送的，这男人太没自信了。其次，他居然质问我，为什么和一个文质彬彬的男人在一起？我和他什么关系都没有好吗？他管我！”

我笑了，假如不是他送的，他怎么知道小乖和我这种文质彬彬的男人在一起？看来快递小哥也收了不少好处费啊！

显然，这位追求者的经济条件很好，可好的经济条件并没有给他带来足够的自信。他拙劣的言词把他精心设计的浪漫毁得一塌糊涂。

专家对如何发展亲密关系的建议有很多，但是再多的建议也逃不过这七个字：**不自信就赢不了。恋爱中我们最大的敌人就是自己**。

拥有足够的自信，才配享有完美的爱情。请记住，有自信的丑陋远比没自信的貌美更有吸引力。

2

成为一个受大家喜欢的人，最大的障碍一定是接近焦虑。

接近焦虑是人在不自信时产生的生理反应，症状包括手心冒汗、心跳加速、呼吸急促与口干舌燥。从心理学的角度来看，**你害怕的不是接近而是遭到拒绝。**

很多姑娘都默默地关注着男神，却从不敢上前说话，生怕自己给对方留下了不好的印象。她们还时不时地因为男神身边的各种妹子而吃醋。

为什么这样的女孩在恋爱中会屡屡失败？原因有以下几种：

怀疑自我："我这么难看，他怎么会看得上我"或"还记得上次被人抛弃的事吗"。

怀疑他人："他不会对我有兴趣的"或"他正在忙，我会打扰他"。

怀疑环境："周围的每个人都会笑我"。

借口合理化："何必麻烦？反正没用的""我最近没心情""我只要和家人或朋友在一起就可以了"。

错误判断："他才不帅呢，宋仲基比他好看多了！"

上述五种错误的观念，你有哪一种？

适度恐惧是好事，能让我们趋吉避凶。例如，因为有恐高症，我们不至于从高处坠落；噪音恐惧让我们能更好地保护自己的听力。

但过度恐惧就是负累，小时候长辈为了控制我们的行为，经常把事情的后果说得很严重，让我们不敢去闯祸。直到今天，我们的潜意识里都还存留着当年的恐惧情绪。

如今，我们需要把这些东西拿在阳光下晒晒，然后消除它。

3

克服接近焦虑有一个很好的方法——学会使用“多重身份”技巧。

如果领导对你的企划书不满意，你不要像大部分的职场菜鸟那样立即战战兢兢地一票否决自己多少个日夜才完成的劳动成果，然后慌张地说：

“对不起，领导，这是我的不对，我马上改，立马改！”

这便是接近焦虑的体现，无论面对男神还是面对领导，你都不敢说出自己的真实想法。

有时候，领导不满意不一定是你的问题，就算是他不满意，他也只是提出了他的个人看法而已。有时候他只是想试探一下你是否在认真做事，假如你立即否定了你的产品，领导会确信你果然没有认真做事。

让我们试试“多重身份”技巧。

遇到上司不采纳你的意见时，你可以这样说：“我理解您对这份方案的要求，也是按照要求去做的，有些地方可能会做得不到位，作为长辈，您可以给我一些建议吗？”

他既是你的领导，也是你的前辈。当你要求他以长辈的身份，而非领导的身份发表意见时，他自然就容易从不同的角度去思考。如此，他便很有可能改变过去顽固的态度，你也容易克服接近焦虑了。

一个永远觉得自己丑的女生是不会漂亮起来的。《甄嬛传》里的故事告诉我们，当一个女生开始变得漂亮时，一定是她的内心变强大了。

一个打败了自己的人，怎么可能会输给别人呢？

CHAPTER / 06

优秀的人，不会轻易输给情绪

真正优秀的人，从不在情绪上浪费时间。

所谓情商，就是懂得选择情绪

1

你的情绪并不是你的敌人，包括负面情绪。

网络上流行着一种说法，叫作要学会舍弃负面情绪，其实这是跟人的终极追求相背离的。

人的一生在于不断地了解自己，不断地开拓进取，而不是为难自己。负面情绪是当一个人的某种需求长期得不到满足时，心理机制向他发出的警示。只有满足了自己真正的需求，人才会更好地往前走，继续前行。所以，人们常说的人最大的敌人就是自己，有些过于绝对。一个善于调节自己情绪的人，可以成为自己最好的朋友，相反，**是因为你总是为难自己，从来不关注自己的需要，所以你才成了你自己人生最大的绊脚石。**

愤怒现在已经变成了一种公众情绪，网民们冲冠一怒为的不是红颜，而是那一点无厘头的谣言。

只顾自己方便就把烦躁发泄到别人身上，这是一种罪过，这样做的人一定会因此招致别人的怨恨。对待负面情绪不懂得化解只懂得忍受的人，终有一天会伤害自己，甚至会伤害自己所珍爱的人。

成年人已经无法像孩子一样肆意喊叫了，心里的小情绪堆积得像山一样高，直到溢出来。与其如此，还不如永远活得像个孩子。

2

高效能人士都是情商高手，他们都很善于管理自己的情绪。

情商低不仅仅会阻碍一个人的成功，甚至会毁灭一个人的前程。

在谈情绪管理之前，你首先需要了解情绪是怎么产生的。生活中有很多事都会引起我们的情绪反应，但是，导致我们产生这种情绪的真正原因一定是你看到的这些事吗？

答案是，不全是。影响你情绪的不是事情，而是你对事情的认知。

我们一般会站在自己的角度，根据自己的态度，结合自己的经验，依靠自己的能力来分析，评价这件事对自己来说意味着什么，然后，我们会根据这个评价、分析、判断的结果，来给自己选择一种情绪。

这就是心理学家阿尔伯特⊠艾利斯提出的情绪反应的ABC模式。

我在知乎网上的文章经常会受到“喷子”骂，我第一眼看到评论时会怒不可遏。为了防止被骂，在后面的文章中我的表达变得委婉了，但结果就是，我的文章无人问津。

这时，我突然觉得，那些“喷子”其实是从侧面印证了我的观点，因为我说中了事实，激怒了他们，所以他们才会在网上骂我。饱受争议的文章不一定真的不好，只要是你的真知灼见就要坚持把它写出来。

意识到这一点以后，当我再看到文章下面有人批评我时就不再那么生气了。

换而言之，情绪是可以选择的，不是必定产生的。

有人骂你，你不一定非要愤怒，你可以选择不去理会。

用ABC理论说，导致你产生情绪的不是外界刺激，而是你对外界刺激的认知。外界刺激是你无法预料和控制的，但你的认知是可以改变的，那么情绪自然是可以选择的。

3

接下来，我就教大家如何选择情绪。

具有不同认知的人，面对同一件事时产生的情绪就不同。

愤怒并不是一无是处的，它在一定程度上保护了我们，甚至还会带给我们力量。关键在于我们如何使用它。

我们应该在什么情况下选择愤怒？

当你的核心利益受到侵犯时。

你不能诽谤一个学者“剽窃”，也不能瞎说一个良家妇女“出轨”，更不能随便说一个人“叛国”。

这些都是一个人的核心利益，当你的核心利益受到触犯时是必须要当场还击的。

有时候别人明明已经触及到了你的底线，旁边的人却劝你：“算了！算了！别跟小人计较。”你多半会听，因为你是个善良的人，内心深处并不希望和人发生冲突。但是，你错了！

如果你是一名老师，有人指责你勾引学生，而你不当场还击的话，后果将不堪设想。各种看客会一致相信你就是勾引过学生的，而且还会添油加醋地演绎出各种版本的传言。

“众口铄金，积毁销骨。”你根本无法解释，这是人的一种劣根性，叫“抹黄化”。

我曾经用拳头教育了某个当众诬陷我“和女生有一腿”的人。

这种不懂得人际交往底线的人，是不能坐下来谈判的。

你当场还击虽然有失风度，但流言的杀伤力可比有失风度厉害得多，它往往在你发现不了的地方，把你毁得一塌糊涂。

你需要通过愤怒来告诉对方，这是你的底线，是不容践踏的。当场还击会起到一定的震慑作用。所以，这个时候选择愤怒是有用的。

愤怒在很多情况下都有着非常重要的作用。比如面对某些不制止就会一再发生的事情，某些喜欢贬损你家人的“朋友”，某些喜欢把自己的事情强加给你却又不懂得感恩的“哥们儿”“姐们儿”，都需要你使用愤怒来对抗他们。

4

很多人还觉得悲伤也是一种伤人的东西，需要舍弃。诸如前任离你而去，你的家庭过于贫困，别人不喜欢你，等等。

你确实不要悲伤，为什么呢?

因为这个时候的悲伤是在攻击自己，你的前任不会因为你的悲伤而回头，你的父母只会因为你的悲伤而自责，别人会因为你的悲伤而更看不起你。

这些都是把情绪的矛头指向了自己，悲伤是没有意义的，请立

刻放弃。

那我们什么时候才可以选择悲伤呢？

当我们站在舞台上的时候。

悲伤有时候会有一定的说服力。为什么在选秀节目里一到拉票环节，大家就要开始“比惨”？因为悲伤能感动人啊！

德国心理学家赫伯特⊠布莱斯（Herbert Bless）发现，快乐或悲伤的情绪可以从根本上改变大脑处理信息的方式。

当你快乐时，你的大脑习惯在潜意识里依赖既有经验和知识来做出决定，比如成见；当你悲伤时，你会更加关注外部环境的变化，接收更多的新信息。心理学家把这类思维称为“适应性”思维。

简单地解释就是，快乐时你更相信自己，悲伤时你更相信客观事实。

所以一个悲伤的故事，往往是你应聘或者比赛时的催泪利器。

另外，我就是一个乐呵呵的悲观主义者，因为悲伤是助我战无不胜的盔甲。

5

我们为什么喜欢把最好的一面留给陌生人，而把最坏的一面留给自己的亲人呢？因为我们接受的多年的教育一直在告诉我们，要克制情绪。

心理能量是守恒的，情绪压制得太久，迟早是要爆发出来的。

真正的情商高手，并不是一味地摒弃负面情绪。他们深知情绪能逐渐侵蚀理性，但理性也依赖于情绪。比起那些被情绪支配的人，他们更懂得如何与情绪交朋友。

其实面对情绪问题，你不是想得太多，而是想得不够多。为什么人生阅历丰富的人，往往能控制情绪，就是因为他们看透了事理，认知的改变让他们改变了对情绪的选择。

不以物喜，不以己悲，就是这个道理。一个人不再受悲伤情绪的影响不是他强制自己抑制了悲伤，而是他看透了命运的无常，不再把悲伤看得那么重要了！

在20世纪的很长一段时间里，情绪研究都属于冷门。因此，很多与情绪有关的问题至今仍未找到答案。

但有一点我们可以肯定，所有的情绪对人都是有重大作用的。换一个认知角度，你所谓的负面情绪也许就会变成你力量的源泉。

不要被情绪利用，要利用情绪；不要被敌人的情绪扰乱，要扰乱敌人的情绪。

唯有断交，才有至交

作为一名心理学教师，我几乎每天都会被问：“怎样才能交到真心朋友？”

我的回答是：**“唯有断交，才有至交！”**

学习心理学这十几年来，我观察到一个奇怪的现象：每一届学生中都有一些人一开始就四处结交朋友，成为大家眼里的“红人”。大家虽然表面上与他相处得很融洽，可私下里其他人却对“红人”满是诟病。真正让大家称赞的反而是一些交际圈并不广泛，但自身有料的人。

大部分讲人际关系的课程核心主题都是强调如何结交新朋友，如何消除误会，如何挽回失去的至交。很少有人提及如何与人断交。我们总想着多个朋友多条路，却不知多个“损友”多堵墙，有不少“损友”开路的能力没多大，堵路的能力却是一流。有时候因为我们脸皮薄，承受不了主动与人断交时的尴尬，其实这也是一种软弱。

母亲是个善良的人，她常挂在嘴边上的一句话就是："要和你的敌人做朋友。"结果，她**把大量的精力都用来亲近敌人了，最后不仅满身是伤，还疏远了那些真正值得交往的人**。

我们都有这样的软肋，一方面太想让别人接纳自己，另一方面却又太容易把别人当自己人。

即使你再孤独，也必须要拉黑以下这两种人：

见利忘情的人

我在读研究生时，有过一个恋人，我们相恋一年多，彼此约好毕业后找一家普通高校，一起去那里当老师。考试那天我去了，她却没有去。

我给她打了电话，她在电话里说出了久埋心中的怨言，然后正式向我提出分手，此后我再也没有联系到她。后来有个同学告诉我，她和一个海归博士在一起了。海归博士因为参与了人才引进计划，被邀请到一所重点大学去工作，她自然成了博士家属，被安置在重点大学上班。

数年后，在一次学术交流会上我再次见到了她。那时候她已经离婚，独自抚养着孩子，过得很不易。我们聊了一会儿，互相留了联系方式。走的时候她隐晦地问我："你们单位还需不需要人，有编制吗？"

原来她老公所在的那所重点大学一直没有给她解决编制问题。

回来的时候，我再一次删除了她的联系方式，从此我们再无来往。

我们都不是圣人，每天都在权衡着利弊。有时候碍于情面免不了要吃上一点亏，我对此并不是很在意。**在精致的利己主义者面前，感情是不值一提的**。有些人是唯利是图、见利忘义的，你永远也别想从他们身上占到便宜。

也许在那些信奉"有钱人终成眷属"的人眼里，我的社会地位就是垃圾。但我拥有的一样东西却使我比他们都富有，那就是掌控力。我能很好地掌控自己的人生，我在做任何选择和决定时都排除了外界对我的干扰，这样的人生才真正属于我。

不停地损耗你的人

有一位读者一直令我感到很头疼，她每次联系我时都说这句开场白："老师，我活不下去了，我需要你的帮助！"接下来她会事无巨细地向我陈述她在生活中遇到的各种事情，并希望我给她一些建议。

我委婉地告诉她，心理咨询师是帮助一个人学会自我成长，而不是代替她做决定。我每次开导她都要花掉一个晚上的时间。我真的很忙，希望她能体谅一下我的感受。

然而她依旧没有改变，为了表明我的态度，我只好拒绝给她做心理咨询。

在人际交往中，有些人能让你获得能量，有些人却一直在损耗你。

他们看上去都是老老实实的，对人也不错，可就是做人、做事从来不动脑子。有时候你很难说他们是对还是错，但有一点你很明确，与他们相处你真的会感觉好累。他们对你表示亲近的时候，一定是有求于你，如果你不帮，他们就会对你进行道德绑架，让你的良心受到谴责。

很多人都劝你要学着合群，关键时候你必须要学会妥协。大家毕竟抬头不见低头见，在一起是抹不开的。说这种话的人一定不会告诉你，其实他们也经常和人闹矛盾。

多少人因为要合群、要妥协，而让自己的灵魂深受折磨。时间一长会使自己变得面目全非，再也回不到最初的纯粹。现代人有一

种通病，没把自己看透就想去迎合别人，这完全是本末倒置。

对不起，我的时间和精力是有限的，我希望我和身边人的关系是融洽的，是相互支持的，而不是一直在摩擦中消耗彼此的热情。**我想结交一个能让我推心置腹的朋友，而不是充当谁的廉价劳力或者情绪垃圾桶。**

过去的自己

写下这篇文之前，我打开了微信的黑名单，我想看看在过去的五年里，我到底拉黑了哪些人。翻开记录时，我数了数，被我屏蔽的人大概有二十多个，我开始一个一个地回忆我当初为什么要把他们拉进黑名单。

A同学一言不合就求我向她发红包，典型的唯利是图。有一次她说只要我发五块二毛钱的红包给她，她就告诉我，我在她心目中的位置。我发了红包给她，可是时间都过去一个月了，我也没有收到她的答案。后来我又收到“发13.14元红包，我就做你的恋人”这类貌似是群发的消息。

我回复她：“对不起，我真的不能接受。”说完果断把她拉进了黑名单。

B君是我教过的学生，一个超级负能量段子手。他QQ空间里的文章充满了对社会的不满。最让人难以接受的是，我的每一条朋友圈下面都有他的留言，每一条留言里他都会向我吐槽或者跟我讲大道理。比如："她获奖一定是靠了关系吧？年纪轻轻的不干正事！""这个社会只有傻子才专情！"

时间长了，我觉得他有点不对劲，而且把我们两个人的角色完全弄反了，他成了我的老师，我成了他的学生。

还有一些人，他们情商实在太低，又喜欢在人背后搬弄是非。平时他们对待别人的态度也很傲慢，让我觉得很不舒服。我也果断地把他们拉进了黑名单。

后来我突然发现，人是会变的，无论别人还是我自己。现在的我变得强大了，不会总是觉得别人对我的态度很傲慢了；看到那些"很二"的朋友，我也觉得他们很可爱。至于那些情商低、喜欢搬弄是非又很傲慢的人，我对他们的态度也发生了改变。

在人际交往的过程中，关系出现矛盾时，我们即使知道是自己错了，也会习惯性地责怪别人。否定自己、改造自己的过程是十分痛苦的，可是你不迈出这一步，就永远走不出这个自我的世界。你害怕面对朋友的背叛，你总是担心自己会受到伤害，所以你宁愿躲在自己的世界里，享受着永远不会失去的安全感。

所以，最应该被我们拉进黑名单的不是别人而是过去那个弱小的自己。

当我明白了这个道理以后，我解除了黑名单，然后给所有被我拉进黑名单的人再次发送添加好友的信息。令人高兴的是有超过十个人接受了我的请求。

喜欢求人发红包的同学上来就给我发了个红包，留言：“欢迎回来！”负能量段子手结婚了，空间里全是孩子的照片。偶尔还有一点对社会不满的言论，但语气柔和了很多。

太过于多愁善感也是一种愚蠢，如果你因为失去了一个朋友就活不下去了，那只能说明你经历得太少。朋友之间的隔阂是可以通过沟通来化解的，不能一味地躲避，也不能靠一味地妥协来迎合对方，否则你们的友谊迟早会因为那道缝隙而走向决裂。能够承受矛盾与冲突，能够承受岁月洗礼的友谊才是真正的至交。总之，请学会对自己好一点，那样对别人和自己都有益。

毕业五年，我明白了这五个道理

有人说：毕业后的五年，将决定你的一生!

转眼间我都二十九岁了，今年已经是我硕士毕业的第五个年头。在这五年里，我的变化真的很大。我从一个网瘾少年变成了心理学专家，从一个长着好看睫毛的害羞男孩变成了在电视节目上侃侃而谈的情感大师。

同学聚会上，班长张同学拍着我的肩膀说："你小子得了什么高人指点，又出书又演讲的？当年，你除了喜欢《魔兽世界》，可是对什么都不感兴趣啊！"

如果真有高人指点，我觉得那个人就是我自己吧。

毕业五年来，这五个道理，让我逐渐变得出色起来。

1. 请背负着误会，深情地活着

有一天，我正准备做一场非常重要的演讲。演讲开始前半个小时，我接到了青青女神的短信，内容如下：

“愚，我们以后不要来往了。我觉得朋友间开开玩笑是可以的，但因此给别人增加困扰那就不好了！”

青青女神一直是我的铁杆粉丝，她莫名其妙地选择与我绝交，让我感到很伤心。从短信内容分析，她认为我在单位里散播她的谣言。

看完短信，我开始陷入了沉思，我不知道该如何向她解释。助理看出了我的不安，询问我是否要取消这场演讲。

“不需要！”说完我立刻调整好心情。我的演讲很成功，不少大咖找我寻求合作。

演讲结束后，有很多学生到我的公众号里留言，他们说我的演讲很成功，这让我感到很欣慰。此时，我发现我已经不想再去找青春女神解释什么了。

越是人际关系复杂的地方，是非就越多；遇到问题时，你越是想澄清就越难解释清楚。

友谊的小船闹翻时，让人心生怨念。那一瞬间你好像掉进了情绪的洪炉，饱受负面情绪的折磨！但你是否想过，无论你有多惨，那个选择与你绝交的人，都不会对你心生怜悯。

而此时，假如你有另一件不得不去做的事，有另一个不得不去打倒的敌人，那么一切飞短流长对你而言都不重要了。

并不是我漠视友谊，而是我认真地做自己才是解除误会的最好方式啊！

世界就是这么奇妙，我们经常因为误会而走近对方，又因为误会而相互走远，也许被误会是我们的宿命，请背负着误会，深情地活着。

2. 真正优秀的人，从不在情绪上浪费时间

下雨时，别人都会快步跑向屋檐避雨，但是我不会，因为我真的很喜欢小雨拍打在脸上的感觉。我也喜欢雪，但不会因为雪化掉就感到悲伤。

我最得意的一件事，就是擅长和情绪做朋友。

有太多的人挣扎在情绪的漩涡里难以自拔。

常有人问我："遇到那种非常讨厌的上司我该怎么办？"

我总是回答："继续上好班就行了，专注会让你忘记一切。当你有了力量时，你可以选择脱离他。"

但大部分人都不是这么做的，他们一方面不甘心白白受气，一方面又为自己的无力而感到懊恼。最后，这份负面情绪成了他们难以卸下的负累。

许多人很容易被外界事物、他人的言语所左右，所以常常感到自我价值被贬低的威胁，这类人总爱问："他为什么会这么对我？"

请记住，这个问题没有答案，就算你知道答案，局面也不会有任何改变。

我们不是亡命徒，整天过着提心吊胆的生活，我们是实干家，要脚踏实地地过着自己想要的人生。真正优秀的人，从不在情绪上浪费时间。不要受到任何外界因素的干扰，要坚持自己的选择。你的自我价值是自己用实力证明的，而不是靠别人来评价的。

3. 努力这件事情，请立即开始，而不是准备开始

导师是省内权威心理专家，报考在他门下的研究生非常多，三个年级加起来超过四十人，这远远超出了他预期的招生人数。

他曾经让我帮忙指导一部分学生，然而，我接手任务还没到一学期就向导师请辞了。因为我发现，一群人的效率有时候真的还没有一个人的效率高。一个项目如果靠我自己来完成，那我一个晚上就可以搞定。如果我把任务分给那几个学生，他们完成任务的时间就要超过一个星期。

我经常听到他们这样说：

“周老师，做这个事情到底有什么意义？我最近身体很不舒服！”

“我查资料的时候电脑坏了，我整整花了三个小时去修电脑，饭都没吃。文章再缓几天给你！”

“XX同学负责这个比较合适，我不行！”

很多研究生，勤于思考而懒于行动，做什么事还没有开始，就已经把自己累得半死，战斗还没展开就已经伤痕累累。其实，真正让人感到疲惫的并不是忙碌本身，而是在真正行动之前的反复纠结。

人人都能把梦想挂在嘴边，可一旦面对随之而来的困难时，很多人就忽然变得软弱了，然后开始想怎么退缩。

为此，导师教了我一个方法。

每次分配任务的时候，让大家把自己在做这件事时的担忧和意见全部写在本子上，然后让大家把这些问题抛开，立即开始做事。

过段时间再让大家翻开本子，看看自己当初的担忧是否合理。

记下自己的担忧是件尴尬和麻烦的事，包括我在内的不少人，为避免做这样的记录，就迫使自己不再无聊地纠结，转而把注意力放到事情本身。

做事前谨慎思考是对的，但在我们还没有改掉“思考是在为偷懒找借口”这个毛病前，不要让过度忧虑束缚你。

现在就开始行动！哪怕你有点神经质，有点不完美，有点拖延症，有点不健康，有点懒惰……这些都没关系，持续的坚持会让你产生行动的惯性，这种惯性会促使你不断地行动下去。

4. 接受自己的愚蠢

为了能被破格评上职称，我不断地向一个心理学权威杂志投稿。每天我都要打开该杂志的网站，看我的投稿有没有被接受。

一个月后，网站显示投稿被拒绝，我修改后又再一次把稿件投了过去。

又过了一个月，网站还是显示投稿被拒绝。后来，我听人说，如果有权威人士推荐，稿件就比较容易被杂志社采用。于是我就找到导师，请他做我的论文指导并当共同作者。

一个月后，我的投稿还是被该杂志拒绝了。

这可是我五个月的心血啊！我愤怒了，趴在电脑桌上，大声地哭了起来。我认为这个杂志社存在黑幕，在心中把所有审稿人都骂了一遍。

就在这时，电脑上弹出一条消息，提示我有一封新邮件等待查看。这是一封来自杂志社审稿人的邮件：

“周老师你好，你是一名非常有潜力的学者，你对你的研究有很大的自信，并且投入了很多精力。我们之所以拒稿，原因是你太过于注重研究方法而忽视了读者的感受。你的数据很翔实，理论也无懈可击。但你忘了一个基本的事实，心理学研究是基于人的，人是一种情感动物，只有一组冰冷的数字和理论分析是很难让人接受的。要让你的文章有深度，你需要更多地去接触人，而不是拼命地研究统计学方法。”

邮件的落款处留下了审稿人的姓名和电话。我知道这位教授，他是业界的权威，我从来没想过他会亲自为我审稿。

我再次流泪了，只不过这次是感动的泪水。

这一年，我到贫困地区支教，接触了大量的人，我记录下他们的生活，文风也更偏向于感性。那段时间我才真正意识到过去的自己是多么浅薄。

真正的大师永远都要怀着一颗学徒的心，在通往理想的道路上不断地前行，不断地去发现自己的不完美，然后开始真正着手于自己一直渴望去做的事。

5. 比起聪明地走向市侩，我宁愿笨拙地活着

我酝酿一篇文章的时间少则三天多则一周，晚上经常对着电脑苦思冥想。家人时常因此为我担心。

一个好朋友劝我说："何必这么累，要想批量写出文章，你只需要'洗文'就行了。"

什么是"洗文"？就是把一些小众作者的文章拿过来，把句子的表达方式换一换，意思差不多。这样就把别人的文章改成了自己的文章，还很难被大家看出来。

很显然，这是一种高明的剽窃手段，我严词拒绝了这种建议。

朋友说："你真是个傻子！大家都这么干。"

朋友继续着他的"洗文"式的写作，随着他的名气越来越大，他"洗文"的行为也被逐渐暴露出来。在一个写作群里，被他"洗文"的作者愤怒地指证他。从此他的名声一落千丈。他很难在写作

圈里混下去了，有一天他对我说：“还是你聪明，我才是真傻。”

其实像我这种笨人是有一个福利的，这个福利就是——逆境中磨炼出实力。事实证明，聪明人往往都死在了自己手里。

比起聪明地走向市侩，我宁愿选择笨拙地活着。

正因你弱，才需要学会愤怒

1

普京说过一句话：没有实力的愤怒是毫无意义的。

这句话绝对是正确的，只不过被一些弱者断章取义了。他们说："愤怒是毫无意义的。"其实，普京是想告诉我们，我们可以有愤怒的情绪，但是并不一定要当时就爆发。我们要将这种愤怒转化成行动的力量，直到我们有相应的实力后再把愤怒表达出来。

已经有无数篇网络热文告诉过我们：愤怒是我们的敌人，它是无能的象征，会带来灾难性的后果。我们要消除它，转移它，然后换位思考理解别人。

这些人的观点是，只要做一个内心强大的人就能消除愤怒。这话只是听起来漂亮，实际上一点作用也没有。**真正内心强大的人懂**

得与情绪做朋友。

近三十年来，我做出的最令我感到骄傲的事，就是我彻底地克服了愤怒。但有一点我要强调，**我不是消除了愤怒，而是学会把它化作力量的源泉。比起学会如何隐忍，你更应该学会如何表达愤怒。**有一部经典的心理学电影叫《以怒制怒》，说的就是这个道理。

2

在我很小的时候，有一天好友强哥跑来告诉我，大胖他们不喜欢我，准备找我麻烦，让我离他们远点。

我回家把强哥对我说的话告诉了妈妈，妈妈不相信，她觉得没有人想找我麻烦，强哥只是调皮，想吓唬我，让我不要想太多。

妈妈是个善良的人，她平时总是教导我要为人和善，听老师的话，不要和同学打架。我那时候太小，总觉得妈妈的善良有时候近乎软弱，她总是采取否认真相的方式来达到消除愤怒的目的。**她以为退让是一种宽容，而我认为退让是纵容的开始。**

我还是听了妈妈的话，有一段时间疏远了强哥。我想，我应该把大胖当成一个友善的人，这样他以后就不会看我不顺眼了，更不会和我作对。

可是有一天大胖还是和我发生了争执，我们吵得很凶，还动了手。强哥跑来劝过大胖，但是大胖没听，强哥只好灰溜溜地离开了。

之后接连几天，我都难以抑制自己的愤怒，但我讨厌的不是大胖，而是强哥。

有一天放学，强哥和我说："我们和好吧，那天不是我不敢维护你，只是你们吵得太凶了，我插不上话。"

我突然像火山爆发一般，生气地骂了强哥，他当场就伤心地哭了，我还是不依不饶地数落他，他捂着耳朵不停地哭。

成绩优异的我从来不和同学吵架，这次却突然像发了疯一样，旁边的同学和老师都看呆了。他们一群人围过来，把已经发狂的我拉到一旁。

冷静下来，看着哭成泪人的强哥，我哭了！我真的不理解，为什么我不去找大胖发火，而要欺负这个还算仗义的强哥。

后来我理解了，愤怒是不能完全隐忍的。**愤怒是我们与生俱来的东西，大脑这个操作系统不会允许用户修改及删除系统的核心文件。**

假如我们强行抑制愤怒，就会损伤自己的内在机制，导致精神异常。

我本应该把我的所有愤怒都宣泄在大胖身上，可我不敢面对这个事实，我试着让自己相信“强哥在挑拨离间”这个歪理，然后把它作为我发泄愤怒的理由。结果，我把对大胖的愤怒“移情”到了强哥身上，我满脑子想的是，因为我太弱，所以你们都欺负我。为了展示我的“强大”，我拿和我同样弱小的强哥“开刀”。

一个月后强哥转学了，我花了很长时间去找他，但他至今都在躲着我。

心理学中有一个基本理念，负能量如果不能被及时化解，就会被泛化和移情。生活中，这样的例子很多：

员工在单位无力反抗老板，回到家就可能会拿家人撒气。

老人受到子女的虐待，上了公交车就可能会冲身边的年轻人撒泼。

一个人遭遇了情感背叛，可能会有不再相信任何人的想法。

高校里杀害同寝室舍友的马加爵、林浩，他们的性格都是沉默内敛、逆来顺受的。只因对同学打牌作弊和奖学金评定等事情心怀不满，就对同窗痛下杀手，这是典型的内向爆破型人格。

人们总想着压下怒火，却从来不提如何表达愤怒。人的心理空间并非一点都不能压缩，但持续的压缩容易造成整个系统的崩溃。这个时候，心理空间就如同大海，你在这边微微拍一拍翅膀，那边就会出现惊涛骇浪。

3

学会表达愤怒请了解这三点：

（1）**表达愤怒一定要面对迫害你的那个人**。不要永远把包容的一面都留给那些伤害我们的人，而把最凶恶的一面留给我们最亲近的人。不要把脾气带回家，请直面你的敌人。**勇者愤怒，抽刃向更强者；怯者愤怒，却抽刃向更弱者**。

（2）**不要当场还击对方**。以其人之道还治其人之身只能获得一时之快，单纯地表达愤怒是饮鸩止渴。**表达愤怒是为了解决问题而不是单纯地为了宣泄情绪。不然就算你发泄了情绪，还击了那个侵犯你的人，你还是无法解决核心问题**。

遇到面对面侮辱你的人，你应该这样对她说："你说这么难听的话，真是破坏了你在大家心中的君子形象。你到底想表达什么？"

诸葛亮最擅长使用这招了。你既给了对方改正的空间，也让自已不那么愤怒了，这样就避免了矛盾的进一步激化。如果对方继续恶语相向，那在旁人看来明显是他的不对，他没有风度的作风已经让他输了一半。

（3）愤怒之所以伤人最主要的原因是，我们都在想：他为什么这么对我？

别想了，你不需要知道原因，因为没有人有义务主动理解你。

当对手羞辱你时，别急着生气，用中指扶扶眼镜，拟订一个长远的计划来反击他吧。

吼叫和哭泣是弱者的作为，沉默和行动才是强者的风范。有人说愤怒不利于社会和谐，在我看来压制愤怒才是。很多人只是单纯地想恶心你，你却在心中自导自演了一出感动自我、原谅他人的苦情戏。从这一点来说，原谅和暗恋没有什么不同，都是脱离了现实的幻想。

愤怒是有积极意义的，它帮助我们了解自己的需要和底线，提醒我们何时需要维护自己。表达愤怒是在提醒别人不要触碰你的底线。

不要对别人做价值判断，价值观不同，对价值的评判也会不同。世上只有一个人能完全接纳你，那个人就是你自己。

别让时间谋杀了你的似水流年

不知道从什么时候开始，我们对生活的态度变得越来越随便了，什么都变得无所谓了，或者说，我们开始比较，面对现实中的痛苦谁更能装得像无所谓一样。爱、感动、欣喜、痛苦等不同的情绪体验，是岁月给我们的礼物，当我们把这些都丢掉以后，我们的生活还剩下什么？

生活还有另一种说法，叫作过日子，然而生活最终不是只有过日子。过日子是一种无奈的应付，听上去更像是想平稳地把时间消耗掉；生活是一种主动的追求，是要在有生之年发挥自己更多的价值，体验更多的美好。很多人早就把生活变成了过日子。如果你坚决要把人生变成一部平凡无趣的电影，那你一辈子也体会不到什么是真正的快乐。你的一生将会变成一张白纸，一张从未着墨的素描画。你真的想要这样的生活？

很早以前，我去网吧打游戏，玩了很久才发现我用的那台电脑居然没有耳机，于是我赶紧呼叫网管过来。

“网管，帮我装个耳机！”

远处的网管听见我的呼喊（可能正在打游戏），头都没抬地说了一句：“系统问题，你重启一下就好了。”

重启电脑就能变出个耳机来吗？肯定不能啊，那只会让整个游戏都暂停。游戏如此，人生亦如此。

这样不走心的废话我们经常听到，比如“喝点热水”“早点睡”“多休息”等。事实上，我们需要这样的废话来安慰别人，尤其是当我们帮助不了别人的时候。这样做只是掩耳盗铃而已，根本不能解决问题，

我们听过的最多的废话莫过于“算了”“会过去的”“会好的”“看淡点”。当我们把人生中的不幸向别人倾诉时，无论我们感到多么无助、无望，得到的无非是“时间是治愈一切的良药”这种不痛不痒的回应。好像我们什么都不用做，时间就可以帮我们解决一切麻烦。

可是有些事时间是帮不上忙的，时间反而会变成慢性毒药，一点一滴地让你丧失改变的机会，一点一滴地把你的力量消磨殆尽，一点一滴地谋杀你的似水流年。

有一天我正在居室备课，同我一起来支教的Z老师推开了我的门。

“周老师，你是心理学老师，我有个心理问题想找你咨询一下！”Z老师一来就开门见山地说。

接下来Z老师诉说了他遇到的不公，他不明白他都是近五十岁的人了，领导为什么还要派他下来支教。他在农村地区干了几十年，好不容易被调到了县城的中学，结果又被一板子打了回来。

“周老师，你知不知道，我女儿今年高考，我的老母亲病得很严重，学校连招呼都不打一声就把我派下来了。明明有那么多年轻人，为什么非要派我？”Z老师说这话的时候显得无比气愤。

接着，他又列举了很多他所面临的艰难，并把学校的所有领导都骂了一遍。我心想，以后Z老师无论是在石登中学还是在县城中学，都成不了一个优秀的老师。

我很想告诉他“算了”“会过去的”“看淡点”，但话到了嘴边却迟迟不能出口。

跟我倾诉是没用的，弱者的理由我不想听！这个世界也不会听！优胜劣汰是自然的法则，懦弱和迟疑只会让你更落后，更容易被淘汰。这个世界不会因为你弱小就让你逃避责任，减少你应该做出的牺牲。

石登中学就是因为条件艰苦，所以才会如此缺少师资力量。谁都不喜欢在贫困地区工作，这一点我完全理解Z老师。我给他提出了很多建议。

“Z老师，如果您想要留在县城的话，您应该想办法提高成绩或者去深造，再不行您就辞职去参加其他学校的招聘。您都从教几十年了，经验应该很丰富。”

“可是，我有严重的哮喘病，关键是我没有时间！”他立马否定地回答我。

“那您应该去治病啊，身体是最重要的。”

“怎么治？难道我不用上班了吗？而且家人给我的压力很大。”

“那您应该和家人沟通一下，争取获得他们的支持，然后再想办法啊！”

“岁月不饶人啊！”Z老师说出这句话的时候，我终于明白，再劝也是没意义的了。

我望着他痛苦而过早衰老的脸，突然想到了一句话——有些人活着，可是他已经死了。

Z老师在对话中多次提到了时间和岁月。时间是我们最宝贵的资源，可是当我们选择浪费时间时，内心会感到内疚，会变得不快乐。从你选择了拖延和拒绝改变的那天起，你就已经走向了绝望。

如果你一直这样走下去，人生就会变成一潭死水。

“算了，我活到这把年纪，对种事早就看开了！”。当他意识到我并不愿意倾听他的故事时，他起身离开了我的居室。

一直以来Z老师对支教工作的抵触情绪都很大，他不去上晚自习，上课也很随便。他很痛苦也很失望，可是学校领导丝毫没有调回他的意思。

有一天，Z老师找到了和我一起下来教英语的H老师，在H老师的劝说下，Z老师终于正常上课了。

H老师是一位著名的教授，曾为多位省长做过翻译，属于处级干部。他比Z老师还大6岁，而且是主动下来支教的。Z老师一方面被H老师的精神所鼓励了，另一方面也找到了心理平衡。所以他不再抱怨了，心态乐观了许多。

后来，Z老师在吃饭的时候对我说：

“周老师，你还年轻，我看好你，将来有一天你会成为了不起的人，那时候一定要帮帮我和我的家人，谢谢你。”

我感谢Z老师对我的期望，可我发现他这是把希望又寄托在渺茫的未来了。

生活让你不断地面对挑战，你开始厌恶理想，你认为所有的鼓励与安慰都是无聊的心灵鸡汤。你每天都在重复着同一件事，你开始厌倦生活，你认为你所在的城市正在死去。其实城市不会死去，死去的是你对生活的信心。

你想去做一些事，却迟迟不动手，你经常说“希望”“但愿”“或许”“将来有一天”这样的话。这些话会成为你继续拖延下去的理由。那些所谓的希望如果不去付诸行动，都只能是幻想，幻想是无济于事的。你只不过是在为自己的拖延提供借口。如果你不做出改变，“将来有一天”是不会出现的。要想使生活有所好转，你就必须做出积极的努力。

其实我一直想去陪陪奶奶，最后却总以工作忙为借口放弃了，直到她去世我才发现，有些事一旦错过就再也没机会做了。在这件事上，时间帮不了我。

上中学时，我曾经多次想接近我喜欢的人，她也多次向我示好，可是我一直想等一等，让关系自然发展，结果某天我收到了她的婚礼请帖。

如果你静下心来感受，就会发现从20岁到30岁的时间过得非常快。我并不怕受伤和失败，因为所有难抑的悲伤终将成为彩虹桂冠。

我只怕绝望过后，懦弱、动摇和恐惧就会随之袭来。

你拥有青春的时候，就要感受它，不要虚掷你的金色年华，不要去倾听枯燥乏味的东西，不要挽回无望的失败，留下永远的隐痛。不要把你的生命献给无知、平庸和低俗。远离我们时代病态的目标和虚假的理想。**活着！把你宝贵的内在生命活出来，什么都别错过。**

国庆节那天，H老师开车和我一起回到了昆明，他的车上载着三只鸡、二十斤栗碳和不计其数的土特产。他还特地从碧罗雪山山顶接了两公斤山水用来泡茶。他告诉我，山的那边有一片桃花林，闭上眼睛就会想起桃花缭乱凋如雪的景象，还有交织于其中的诸多回忆。这时候我想明白一件事，**也许成长就是这样一种体验，有一种笑了像小丑、哭了像戏子的悲哀。想去追求自己想要的生活，就要有足够强硬的骨头和长满羽毛的翅膀，这样你才能随心所欲地去飞翔。只要你不断地发掘身边事物，不断地反思和改变，你生命中的力量就会源源不断地涌现出来。**

我们应该做海明威笔下的老人，可以无数次被打败，但一次都不能被打垮。让我们燃起心底那点小小的希望，从此理想如铁，岁月不能把它风干，挫折不能将它湮灭。

耻辱，才是你进步的最大动力

1

一个女孩在公众号给我留言：“我是一个自卑的姑娘，平时总是感到迷茫该怎么办？”

我无法给出答案，因为提问本身就有问题，答案自然没有意义。

其实，这个世界上没有“迷茫”一说。**所谓的迷茫，只是你不够坚强。当你对目标的渴望足够强烈时，再难的问题你也能找到解决的办法。**

接下来是关键问题：贴上“自卑”这个标签，对自己真的有好处吗？

两年前，我应师妹之邀，去给一家三本院校的学生做心理健康讲座。之前一个星期的夜晚我都在备课。头两次效果不错，听众越来越多，然而到了第三场时，我遭受了人生中最大的一次羞辱。

那天等听众到齐，我一如既往地走上了讲台，准备讲课。师妹突然跑上来告诉我：“师兄，下来吧，我们处长刚找了一个985大学的专家，这次由他来讲。”

我生气地问师妹：“你为什么不提前告诉我，我人都来了！”

师妹说，处长和这位专家有一个合作项目，于是这次讲座就变成了讨好专家的赠品。她知道对我很不公平，于是向处长据理力争。处长最终决定，前两个小时专家讲，最后半个小时我讲。

做事向来有始有终的我决定留下来。

专家和处长迟到了半小时，我热情地上去和他们打招呼。听我做完自我介绍，专家鄙夷地对我说：“同台演讲你不够格，你当我的研究生还差不多！”

我说：“好啊，那我来报考您的博士吧。”

专家冷冷地说：“暂时没有名额！”

处长的语气还算柔和，他说：“周老师，您要是忙可以先回去了！”

无论面对多大的屈辱我都不能当逃兵，我告诉处长，我不忙。

985专家开始了他的讲座，他首先讲了他如何从一个贫困山村的学生奋斗到了今天的位置。这段过程学生们听得还算认真，我也认真地做着笔记。

接着他开始讲，他们学校有多大，图书馆有多宏伟，学生有多努力。从他们学校毕业的学生月薪都上万，教育部每年都给他们很多拨款等。

此时，学生开始陆续离场，剩下的人也开始吵闹，整个会场秩序一片混乱。即便师妹和处长一直在维持秩序，会场里也只剩下两百多人。

我理解学生的心情，他们对你的学校有多牛并不关心。自从他们来到这个三本院校，心里就一直蒙着一层高考失败的阴影。你越是炫耀，他们越是反感。

专家这时候很愤怒，拍着桌子说："你们已经在一个三流大学里念书了，能听到名校权威教授的讲座是你们的荣幸。如果你们还是这么不努力，不觉得这是一种耻辱吗？"

这句话彻底激怒了剩下的学生，会场一片哗然。专家气不过，离开讲台拂袖而去。处长赶紧拍拍我肩膀说："周老师，该你上台了，我先去照顾一下专家！"

我走上台，放弃了原本准备好的内容，我对着在场的同学说："同学们，我接刚才专家的话题说。就读于三本院校（我没说三流），我们的确感到有些遗憾，甚至是耻辱。但是，**我们并不自卑，因为促使人进步的最大动力正是耻辱啊！**"

一个学生对我说："我们的耻辱太重了，已经吞噬了我们的上进心！"

"耻辱并没有什么重不重的，任何强大的力量都可以伤敌也可以反噬自己。面对现实，我们感到近乎绝望，耻辱是我们最后的力量！"。

学生们陆续回到了座位，我也开始了关于"耻辱才是进步"的讲座。

2

我们生来就会遇到很多污名化的标签，比如：女孩，来自农村，单亲家庭，三流大学，等等。出身再高贵的人，也难免会遇到类似这样的污名化的标签和这些标签所带来的耻辱。

耻辱能让人勇敢地面对寂寞而枯燥的成长过程，耻辱也可以让一个人自怨自艾，在困难面前动弹不得。

关键是看我们怎么应对耻辱。

行为心理学家拉扎勒斯为此提出了应对理论。应对理论认为，**影响我们的并不是刺激本身，而是我们应对刺激的方式**。换句话说，**并不是因为你是女孩、来自农村、上的是三流大学等这些因素让你的人生充满了坎坷，而是因为你困在了这些标签里难以自拔，才让**

自己的生活陷入了困境。

回想一下，在现实生活中，你都给自己贴了什么样的标签？卑微的女孩、内向的少年、不幸的傻瓜，还是痴情的被抛弃者？然后再想一下，这些标签到底给你带来了什么？

撕了这些标签吧！你就是你，在这个世界上是独一无二的。

成熟的应对方式是“解决问题”和“升华”，这两种应对方式都能弱化标签对你的约束。电影《精武门》里，陈真虽然天赋异禀，可在他心里自己永远是个“青帮的混混”。霍元甲一直引导他，让他放下这个标签，体会侠之大者“无我”的境界。陈真最后终于突破了自己的围墙，成为一代宗师。**所谓“无我”就是放弃那些外部的标签，不断地探索自身的内在潜力，这是一个人走向强大的必经之路。**

我只是一个普通大学的讲师而已，可这并不影响我在教学之路上超越教授。或许正因为我是普通大学的老师，我才更能与三本院校的学生产生共鸣，这便是我的优势。（升华应对。）

那天假如我一气之下离开了，就会令为我据理力争的师妹处于尴尬的境地。我可以到处诉说这件事给我带来的不公，可这只会加重我的自卑。要想证明自己确实比专家有价值，哪怕最后只有半个小时，我也不会放弃展示自我的机会。（解决问题应对。）

以下错误的应对方式会强化标签的影响：

（1）自责：谁让我只是个普通学校的老师，比起“大牛”我很卑微，算了我还是走吧！

（2）否认：这不公平，我们学校也很强！凭什么让他先讲，我要先讲！

耻辱到底是摧毁你，还是带你给力量，就看你的应对方式是强化了标签的力量，还是弱化了标签的力量。

耻辱本身不是礼物，如果它让你因此获得了反击敌人的力量，它就是礼物。

要想舍弃自己的软弱，就诅咒自己的无力吧！有些人可以粉饰自己的耻辱，然后继续怡然自乐，这样的人是“聪明人”；而那些挑战自己耻辱的人是“愚蠢的人”，但我喜欢做这种“愚蠢的人”。

讲座结束后，师妹给了我课酬，我仔细一看是原定的两倍。师妹告诉我，这是他们处长特别交代的。我笑了，我想这所学校以后不会再请我了吧！不过，世界还很大，我还很年轻。